교실 밖에서 듣는
바이오메디컬공학

한양대 공대 교수들이 말하는 미래 의공학 기술

교실 밖에서 듣는
바이오메디컬공학

임창환 · 김선정 · 김안모 · 김인영 · 이병훈 · 장동표 · 최성용 지음

MID

대한의용생체공학회 28대 회장, 전북대학교 바이오메디컬공학부 교수 김동욱

○ ○ ○

바이오메디컬공학에 대한 궁금증을 일반인이나 중고교생들에게 알기 쉽게 설명할 수 있는 양질의 도서의 발행을 염원해 왔는데, 한양대학교 교수진들의 수고로 그 결실을 맺게 되었습니다. 바이오메디컬공학이 걸어온 길과 걸어가야 할 길을 알기 쉽게 풀어 낸 저자들의 혜안에 감탄합니다. 바이오메디컬공학 분야에서 다루고 있는 다양한 주제들을 망라하는 본문을 읽다 보면 의료 분야에서 활약하는 공학기술의 실체를 파악하게 됩니다. 이와 함께 첨단 의료기술의 실현이 눈 앞에 펼쳐지고 있음을 실감할 때 나도 이 분야에 평생을 걸고 싶다는 욕망이 샘솟을 수 있으리라 기대합니다.

뇌과학 박사, 과학커뮤니케이터, 궁금한뇌연구소 대표 장동선

◦ ◦ ◦

'타고난 우리 몸의 한계를 뛰어넘을 수 있을까?' 인류가 늘 꿈꿔오던 이 질문에 직접 답을 할 수 있는 학문이 바로 '바이오메디컬공학'입니다. 살아있는 우리 몸 안을 들여다볼 수 있는 X-ray와 CT, 그리고 MRI 영상 기술, 문제가 생긴 신체의 일부를 기계와 로봇으로 대체할 수 있는 신체 증강 기술, 보이지 않는 몸 안의 병도 발견할 수 있는 나노의학, 그리고 우리의 생각과 기억을 전자칩에 담아 컴퓨터에 업로드할 수 있는 BCI 기술까지 모두 '바이오메디컬공학'의 영역에 포함됩니다.

먹지 않아도 되는 전자약, 냄새로 병을 진단할 수 있는 인공후각센서까지 이렇게 상상을 자극하는 여러 미래 기술들의 연구 현장이 생생하게 한 권의 책에 담겨 있습니다. 바로 〈교실 밖에서 듣는 바이오메디컬공학〉입니다. 미래 바이오메디컬공학 기술의 최고 전문가들이 흥미진진하면서도 이해하기 쉽게 쓴 이 책을 진심으로 추천합니다. 미래에는 우리의 몸의 한계를 어떻게 넘어서게 될지 궁금한 분들이라면 꼭 한 번 읽어보시길 권합니다.

이 책의 저자들을 존경하는 뇌공학자 정재승

○ ○ ○

미래 사회에 막대한 영향을 미칠 학문을 꼽자면 단연 바이오메디컬공학입니다. 장수와 삶의 질이 가장 중요한 화두가 될 미래에, 생명을 연장하고 건강을 회복하는 기술이야말로 우리에게 가장 절실한 기술이지 않을까요! 몸에서 벌어지는 현상을 측정하고, 질병을 정확하게 진단하고, 생체재료로 인공장기를 만들어 치료하는 바이오메디컬공학은 다음 세대가 가장 주목해야 할 학문 분야 중 하나입니다.

중고등학교 학창시절엔 바이오메디컬공학을 제대로 배울 기회가 없어 늘 안타까웠는데, 한양대학교에서 이를 연구하시는 교수님들이 청소년들에게 바이오메디컬공학을 친절히 소개하는 책을 써 주셔서 무척 고맙습니다. 이 책은 뇌공학을 포함해 다양한 바이오메디컬공학 영역의 주요 개념에서부터 발전 역사, 그리고 현재 최전선의 기술까지 학문적 지형도를 선명하게 그려준다는 점에서 학생들에게 매우 유익합니다.

많은 청소년들이 이 책을 통해 바이오메디컬공학의 경이로운 세계를 경험하길 바랍니다. 도전적으로 미래를 꿈꾸는 이들에게 이 책은 바이오메디컬공학의 비전을 이해하는 충실한 가이드북이 되어 줄 것입니다.

불과 몇 십년 전만 하더라도 환갑잔치는 가족과 이웃의 큰 행사 중 하나였습니다. 당시에는 환갑을 맞이하는 것을 장수한 것으로 여겼기 때문에 경사스럽고 축하해야 할 일이었던 것이지요. 하지만 요즘에는 환갑잔치라는 말을 찾아보기가 어려워졌습니다. 가족과 함께 외식하는 정도로 환갑을 조촐하게 보내는 사람들도 많아졌지요. 그만큼 우리나라 국민들의 평균 수명이 길어진 것인데요. OECD 보건통계에 따르면 우리나라 국민의 기대수명은 2021년 현재 83.3년이라고 합니다. 2021년에 태어난 신생아가 평균 83.3세까지 살 수 있을 것으로 기대된다는 뜻이지요. 그런데 100여 년 전인 1900년대 초반, 우리 국민들의 평균 수명은 몇살이었을까요? 놀라지 마세요. 겨우 36세밖에 되지 않았다고 합니다. 미국도 상황이 크게 다르지는 않아서 1900년대 초의 평균 수명이 48세에 불과했다고 합니다. 그렇다면 지난 100여 년 간의 짧은 시간 동안 우리에게 대체 무슨 일이 일어났던 걸까요?

현대인의 평균 수명이 이처럼 극적으로 늘어날 수 있었던 데는 여러 가지 요인이 있을 수 있겠지만 크게 네 가지 정도로 압축할 수 있습니다. 우선 위생 환경이 크게 개선됐기 때문입니다. 수세식 화장실과 하수처리 시스템이 보급되면서 도시에서는 각종 전염병을 옮기는 해충과 설치류들이 설 자리를 잃게 됐지요. 두 번째 요인은 바로 약학의 발전입니다. 항생제와 항바이러스제, 그리고 다양한 만성질환을 관리할 수 있게 하는 약물들이 개발되면서 인간을 괴롭히던 많은 질병으로부터 자유로워질 수 있게 됐습니다. 세 번째 요인은 풍부한 영양분의 공급입니다. 조선시대 27명 왕의 평균 수명은 47세였다고 하는데요. 얼핏 짧아 보이지만 조선시대 일반 백성의 평균 수명이 불과 24세였다고 하니 영양이 풍부한 음식을 섭취하는 것이 사람의 수명에 얼마나 큰 영향을 미치는지를 미루어 짐작해 볼 수 있지요. 그리고 마지막 요인은 바로 의료기술의 발전입니다. 암이나 당뇨병, 심장질환 등과 같은 치명적인 질병을 조기에 진단하고 치료할 수 있는 의료기술이 발전하면서 인간 수명이 획기적으로 늘어날 수 있게 된 것이지요.

  그런데 이런 의료기술의 발전이 과연 임상의사들의 노력만으로 가능했을까요? 꼭 그렇지는 않습니다. 지금은 병원에 가면 쉽게 접할 수 있는 MRI, CT, 내시경, 초음파 영상기기, 심전도계와 같은 각종 진단기기가 있기에 암이나 간경변과 같은 질환을 조기에 진단할 수 있고, 수술용 로봇이나 치료 방사선기기와 같은 첨단 치료기기가 있기에 안전하고 정밀하게 수술을 받을 수가 있는 것이지요. 세계 최고의 의료기기 회사인 미국 메드트로닉 Medtronic 의 설립자 얼 바켄 Earl Bakken 은 2009년

미네아폴리스에서 개최된 국제 바이오메디컬공학 학술대회에서 기조강연을 하며 메드트로닉이 그간 개발한 인공심장박동기와 인슐린펌프로 인해 전 인류의 평균 수명이 2년 이상 늘어난 것으로 조사됐다고 발표했습니다. 이처럼 새로운 의료기기와 의료기술을 만들어 내는 주역은 의사도 간호사도 아닌 바로 바이오메디컬공학을 연구하는 공학자들입니다.

바이오메디컬공학은 국내에서는 생체공학, 의용생체공학, 의학공학, 의료공학, 의공학, 생체의공학, 바이오의공학 등의 다양한 이름으로 불립니다. 그래서 학과의 이름도 모두 제각각이죠. 하지만 영어로는 'Biomedical Engineering'이라는 같은 명칭을 쓰고 있습니다. 바이오메디컬공학은 대표적인 융합학문으로 불리는데요. 이름에서도 알수 있듯이 바이오 분야와 의학 분야에서 필요로 하는 여러가지 공학기술을 개발하는 역할을 하는 분야입니다. 그런데 이처럼 서로 다른 두분야의 경계에 있는 학문이 왜 필요한 것일까요? 바이오메디컬공학자들은 공학에 뿌리를 두고 있기는 하지만 바이오메디컬 분야도 잘 이해하고 있기에 실제 의학 현장에서 필요로 하는 기술을 적재적소에 제공할 수 있기 때문입니다. 서로 다른 언어를 가진 사람들을 소통할 수 있게 해주는 동시통역사와 비슷한 역할을 한다고 생각하면 이해하기 더쉽겠네요. 바이오메디컬공학자들은 학문의 경계를 넘나들며 쉽게 새로운 기술을 수용하고 응용하는 융합적 사고력을 키우기 위해 오랜 기간동안 훈련을 받는데요. 때문에 모든 학문이 연결되고 학문 간의 경계가 허물어지는 4차 산업혁명 시대에 가장 각광받는 인재로 주목받고 있습니다.

현대 바이오메디컬공학의 시작은 네덜란드의 빌렘 아인트호벤 Willem Einthoven 이 심장의 활동을 실시간으로 관찰할 수 있는 심전도계를 발명한 1903년으로 거슬러 올라 갑니다. 이후 전자기술의 발전으로 CT, MRI, PET 등의 의료영상 기술이 발전했고 전자의수, 인공심장, 인공와우와 같이 신체의 일부 기능을 대체하는 인공보철 기술도 개발되었지요. 지금은 인간의 뇌와 기계를 연결하는 뇌-기계 인터페이스 기술이나 언제 어디서나 우리 몸의 이상을 감지하는 웨어러블 헬스케어, 약을 먹지 않고도 질병을 치료하는 전자약, 몸속을 헤엄치며 사진을 촬영하는 캡슐형 내시경 등과 같이 과거에는 SF 영화에서나 등장할 법한 첨단 의료기술들이 바이오메디컬공학자들에 의해 개발되고 있습니다. 바이오메디컬공학의 발전이 만들어 낼 미래 의학의 모습이 정말 기대되지 않나요?

그런데 아쉽게도 이처럼 중요한 학문 분야로 떠오르고 있고 국내에도 40개 이상의 학과가 있는 바이오메디컬공학 분야에 대해 청소년이나 일반인이 쉽게 이해할 수 있는 공학교양서가 출간된 적은 거의 없었습니다. 그래서 한양대학교 바이오메디컬공학과의 교수진 7명이 의기를 투합한 것이 2020년 말의 일이었습니다. 물론 당시에는 이 책 한 권을 내기까지 얼마나 많은 시간과 노력이 필요할지 미처 짐작하지 못했지만 말입니다. 이 책은 바이오메디컬공학의 어려운 개념과 용어를 누구나 이해할 수 있는 언어로 쉽게 풀어서 설명하고자 하는 7분 교수님들의 피땀 어린 노력의 결정체라고 자신 있게 말씀드릴 수 있습니다. 모쪼록 여러분들이 이 책을 통해 바이오메디컬공학을 보다 잘 이해하고 더 나아가 우리나라 바이오메디컬공학의 발전에 이바지할 수 있는 인재가 될 수 있기를 바랍니다.

마지막으로 이 책이 나오기까지 많은 도움을 주신 분들께 큰 감사의 말씀을 드립니다. 책이 세상의 빛을 볼 수 있게 해주신 MID의 최종현 대표님을 비롯하여 세심한 편집을 해주신 김한나 편집장님, 그리고 본 책의 출간에 지원을 아끼지 않으신 한국공학한림원과 대한의용생체공학회에도 깊은 감사를 드립니다. 또한 바쁘신 중에도 기꺼이 멋진 추천사를 써 주신 전북대 김동욱 교수님, 카이스트 정재승 교수님, Curious Brain Lab의 장동선 대표님께도 감사 인사 드립니다.

자, 그럼 모두 함께 흥미진진한 바이오메디컬공학의 세계로 여행을 떠나 볼까요?

『교실 밖에서 듣는 바이오메디컬공학』
대표저자 임창환

11

CONTENTS

1부 우리 몸을 들여다보다

2부 장애를 넘어 신체를 증강하다

7부　계속해서 진화하는 의료기기

1부

우리 몸을 들여다보다

1

몸속 사진 한 장 한 장을 모으면

X-레이 영상과 CT

'보는 것이 믿는 것이다Seeing is Believing'라는 말이 있지요. 시각, 후각, 미각, 청각, 촉각을 뜻하는 오감 중에 시각이 우리의 인지에 있어 가장 중요한 역할을 한다는 사실을 다시 한번 일깨워주는 속담입니다. 실제로도 대뇌의 시각영역이 우리 대뇌 겉질 전체 면적의 10% 이상을 차지하고 있을 정도로 시각은 우리 인간의 삶에 큰 비중을 차지하고 있습니다.

아플 때 몸의 이상을 알아내기 위해서도 우리 몸 안을 잘 들여다보는 것이 아주 중요한데요. 아마 여러분들도 흉부 X-레이x-ray 검사를 받아보거나 치과에서 치아 X-레이 촬영을 해 본 경험이 한 번쯤 있을 겁니다. 건강검진을 필수적으로 받게 되는 나이가 되면 필요에 따라 초음파 검사나 CT 촬영 등도 흔히 하게 되는데요. 그만큼 우리 몸속을 영상기기들을 이용해 보는 것이 지금은 너무나 보편화된 방법입니다.

하지만 우리가 살아있는 우리 몸의 내부를 들여다볼 수 있게 된 것은 불과 130년도 채 지나지 않았습니다. 우리 몸속을 들여다보지 못했던 시절에는 뼈가 부러진 줄도 모르고 방치했다가 혈액순환이 안되어 뼈가 썩는 병인 무혈성괴사나, 정맥에 핏덩어리가 생겨서 혈관을 막는 정맥혈색전증과 같은 무서운 합병증으로 죽게 되는 일도 많았다고 합니다.

저도 중학생이던 때 운동장에서 철봉 운동을 하다가 바닥에 떨어져 왼팔이 부러졌던 적이 있었는데요. 양호 선생님이 겉보기에는 멀쩡했던 제 팔을 보시고는 다친 부위에 파스를 붙여줬던 기억이 납니다. 그런데 학교가 끝나고 방문한 정형외과에서 X-레이 사진을 촬영해 보니 뼈가 완전히 어긋나 있을 정도로 팔이 심하게 골절돼 있었습니다. 그때 처음으로 우리 몸 내부를 들여다보는 것이 얼마나 중요한지 깨닫게 되었지요.

우리 몸을 들여다본 첫 역사, X-레이

이렇게 X-레이는 사람의 몸은 잘 투과하지만 뼈와 같은 딱딱한 물체는 잘 투과하지 못하는 빛인데요. 이 X-레이를 발견한 사람은 아마

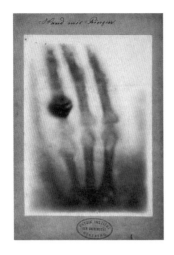

| 뢴트겐이 찍은 아내의 손 X-레이 영상 |

많이 들어본 이름일 빌헬름 뢴트겐Wilhelm Roentgen입니다. 뢴트겐은 노벨상 1호 수상자로도 잘 알려져 있지요. 뢴트겐은 검은 마분지로 감싼 음극선관에서 어떤 빛이 새어 나와 백금시안화바륨*을 바른 스크린을 밝게 빛나게 하는 현상을 발견했는데요. 이 빛을 '무엇인지 모른다'는 뜻의 'X'를 써서 X-레이라고 불렀습니다.

뢴트겐은 아내를 설득해서 음극선관과 사진건판photographic plates** 사이에 손을 넣어 보도록 했는데요. 사진건판에 찍힌 사진에는 손가락 뼈는 뚜렷하게 보이고 근육이나 피부는 희미하게 보였습니다. 이 사진은 인류 역사상 최초의 의학 영상으로 기록되게 되었지요.

---

* 백금시안화바륨은 자외선을 흡수하면 독특한 빛을 방출하는 성질을 갖고 있어서 자외선이나 X-레이 실험에 많이 사용됩니다.

** 사진건판은 사진 필름 이전 시대에 사용된 감광 매질로 빛에 민감한 유화액을 유리판에 발라서 만든 것입니다.

이렇게 X-레이 영상을 시작으로 사람의 몸 안을 들여다볼 수 있게 되면서 의학의 역사에도 엄청난 변화가 생겨납니다. 몸 밖에서는 알 아낼 수 없었던 암이나 신체 기형, 골절을 아주 쉽게 확인할 수 있게 되어 많은 사람들의 생명을 살릴 수 있게 된 것이지요. 'X-레이'라는 말은 곧 누구나 아는 용어가 되어 여러 가지 상품명으로도 활용됐다고 하는데요. 'X-레이 골프공'이나 'X-레이 위스키'와 같은 이름의 상품이 불티나게 팔렸다고 합니다.

그런데 지금은 눈 깜짝할 사이에 찍을 수 있는 X-레이 사진을 한 장 찍기 위해 100년 전에는 무려 10분이나 꼼짝 않고 있어야 했습니다. 이렇게 지속적으로 X-레이를 쪼이면 당연히 많은 양의 방사능이 우리 몸에 쌓이게 되겠지요. 동일한 영상을 얻기 위해서 100년 전의 X-레이 영상기기는 현대의 영상기기보다 무려 50배 이상의 방사능을 사용해야 했다고 합니다. 당시에는 방사능이 우리 몸에 해롭다는 사실을 몰랐기 때문에 방사능의 양을 줄일 필요성을 전혀 느끼지 못했기도 했지요.

그런데 방사능이 인체에 해로울 수도 있다는 사실이 알려지게 되자 많은 물리학자들이 X-레이 영상에 사용되는 방사능의 양을 줄이기 위해 연구에 착수합니다. 그러던 중 X-레이 영상에서 방사선 양을 줄일 수 있게 된 결정적인 계기는 인광체Phosphor***라는 물질을 사용하면서

*** 인광체란 전자기 방사선, 주로 자외선에 의해 에너지가 공급되면 발광과 형광을 내는 물질을 의미합니다.

부터입니다. 인광체 중에는 X-레이를 흡수해서 가시광선을 만들어 내는 것들이 있는데요. 가시광선은 더 적은 빛의 양으로도 또렷한 사진을 만들 수 있기 때문에 방사선 양을 획기적으로 줄일 수가 있었지요.

그다음으로 X-레이 영상 기술에서 일어난 큰 변화는 바로 필름을 사용하지 않고 X-레이 영상을 컴퓨터에 저장할 수 있게 된 것입니다. 이 책을 읽는 여러분들은 잘 모를 수도 있겠지만 불과 30년 전만 하더라도 '카메라'라고 하면 원통형으로 생긴 필름을 내부에 집어넣고 사진을 찍은 뒤 필름을 인화관에서 인화하는 '필름카메라'를 떠올렸습니다. 요즘은 주로 스마트폰이나 디지털카메라를 사용하고, 간혹 필름카메라만의 감성을 살리기 위해 일부러 필름카메라를 사용하는 사람들이 있지요.

마찬가지로 지금은 상상하기 힘들지만 30년 전에는 흉부 X-레이 촬영을 하면 그 결과를 투명한 필름에 인화해서 불빛에 비춰 보는 방식이 일반적이었습니다. 하지만 지금은 촬영한 즉시 영상을 컴퓨터 모니터로 확인할 수 있게 되었지요. 디지털카메라에서와 마찬가지로 X-레이 촬영 영상을 디지털 방식으로 저장할 수 있는 이미지 센서가 개발됐기에 가능해진 일입니다.

X-레이는 이처럼 의학의 역사에서 아주 혁신적인 변화의 바람을 몰고 왔지만 의공학자****들은 여기서 만족하지 않았습니다. X-레이 영

**** 국내에서는 바이오메디컬공학자를 간단하게 '의공학자'라고 부릅니다.

상은 X-레이가 지나가는 경로에 있는 3차원 물체를 2차원 평면에 투사해서 나타내게 되는데요. 다시 말해 몸의 앞에서 X-레이를 쏘아서 얻어진 영상에서는 깊이에 대한 정보는 얻을 수 없다는 말입니다. 그래서 의공학자들은 'X-레이를 여러 방향에서 쏘아서 얻은 여러 장의 영상을 적절하게 합성하면 3차원 영상을 만들어 내는 것이 가능하지 않을까?'라는 생각을 하기에 이릅니다.

3차원으로 우리 몸을 보게 되다, CT

이런 아이디어를 바탕으로 만들어진 의학 영상기기가 바로 컴퓨터 단층촬영Computed Tomography, 우리가 보통 CT라고 부르는 장치입니다. CT는 영국의 공학자인 고드프리 하운스필드Godfrey Hounsfield에 의해 만들어졌는데요. 지금도 병원에 가면 쉽게 볼 수 있는 도넛 모양의 CT를 처음 만든 공학자라고 생각하면 됩니다. 하운스필드는 이 공로로 CT라는 아이디어를 최초로 발표한 미국의 물리학자 앨런 코맥Allan Cormack과 함께 1979년 노벨 물리학상을 수상합니다.

CT를 구성하고 있는 도넛 모양의 통 안에는 X-레이를 만들어 내는 음극선관과 X-레이 검출기가 촘촘히 박혀 있어서 내부에 있는 물체의 투시 영상을 여러 방향에서 찍어내게 됩니다. 이렇게 여러 방향에서 찍어 낸다는 것, 그리고 이 영상들을 합성해 3차원 영상으로 만들어 낸다는 것이 X-레이 영상과 다른 점인데요. 이렇게 얻어진 영상을 합성해서 3차원 영상으로 만들어 내기 위해서는 수학의 힘을 빌려야 합니다.

몸 밖에서 측정한 데이터를 이용해 몸 내부의 구조를 알아내는 문제를 수학에서는 역문제inverse problem라고 부르는데요. 의공학자들은 이렇게 역문제를 풀어서 3차원 CT 영상을 복원하기 위해 '역전사backprojection 알고리즘'이라는 새로운 수학 알고리즘을 개발해 냈습니다.

역전사 알고리즘은 라돈 변환Radon Transform이라는 수학 공식에 바탕을 두고 있는데요. 라돈 변환은 1917년에 요한 라돈Johann Radon이라는 오스트리아 수학자가 만든 변환으로, 아마 당시에는 이 공식이 우리 인체 내부를 들여다보는 데 활용되리라고는 꿈에도 생각지 못했을 겁니다. 원래 라돈 변환은 2차원 평면 영상에서 직선이나 곡선과 같은 기하학적인 요소를 찾아내기 위해 만들어진 공식이기 때문이지요.

더구나 CT에서 라돈 변환을 계산해 영상을 만들어 내기 위해서는 방대한 수치 데이터를 한 번에 처리해야 하기 때문에 컴퓨터를 이용해 계산을 해야만 했습니다. 그래서 컴퓨터 기술이 발달한 1970년대 후반이 되어서야 CT 기기가 실제로 구현이 될 수 있었지요. CT에서 'C'가 'Computed'의 약자인 이유입니다.

이렇게 만들어진 CT의 발전 역사를 살펴보면 보다 짧은 시간 동안 적은 방사선량으로 정밀한 영상을 얻어낼 수 있도록 발전해 왔습니다. 하운스필드가 만든 CT는 일(1)자 형태로 곧게 뻗어나가는 X-레이 빔을 이용했는데요. 연필로 그은 선과 같다고 해서 '펜슬 빔pencil beam'

이라고도 불렀습니다. 펜슬 빔은 우리 몸의 아주 일부분만 볼 수가 있기 때문에 몸 전체를 들여다보기 위해서는 빔을 옮겨 가면서 촬영을 해야 했습니다. 그러다 보니 촬영에 시간이 아주 많이 걸렸죠.

이때도 가만히 있을 의공학자들이 아니지요. 그래서 한 번에 몸 전체를 통과할 수 있는 빔을 고안해 '팬 빔fan beam'이라는 방식을 만들어 내게 되었습니다. 팬 빔은 이름에서 알 수 있듯이 우리의 전통 무용인 부채춤에 사용되는, 얇게 펼쳐진 부채처럼 생긴 빔을 이용합니다. 그러면 한 번에 몸 전체를 촬영하는 것이 가능할 뿐만 아니라 아주 빠르게 영상을 얻을 수 있게 되지요.

최근에 개발되는 CT에는 '콘 빔cone beam'이라는 방식이 사용됩니다.

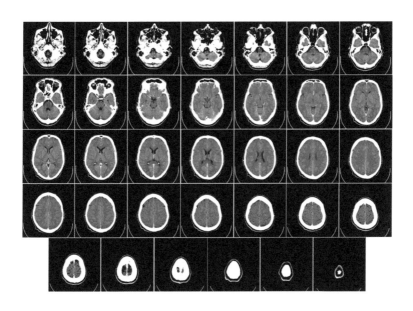

| CT로 촬영한 뇌의 모습 |

여러분이 즐겨 먹는 아이스크림 콘처럼 생긴 원뿔 형태의 빔을 발사하는 건데요. 이렇게 하면 한 번에 하나의 단면 영상을 얻는 것이 아니라 여러 장의 단면 영상을 동시에 얻어내는 것이 가능합니다. 현대의 CT는 불과 수백 밀리초에 한 장의 영상을 찍을 수 있을 정도로 발전해서 심지어 1초에 한 번 뛰는 심장의 동영상을 찍어낼 수도 있습니다.

이렇게 1998년에 콘 빔을 이용한 CT가 개발된 뒤에 CT 기술 자체에는 더 이상 혁신적인 발전이 없었습니다. 대신에 X-레이를 검출하는 센서를 아주 작게 만들 수 있는 기술이 발전해서 더 정밀한 영상을 얻을 수 있게 되었습니다. 또, 적은 양의 데이터로부터 선명한 영상을 얻어낼 수 있는 수학적 알고리즘도 개발됐죠. 물론 지금도 더 적은 양의 방사선으로 더 정교한 영상을 얻기 위한 노력은 계속되고 있습니다.

최근 X-레이를 이용한 방사선 영상 분야의 최대 관심사는 다름 아닌 인공지능을 이용한 자율 진단에 있습니다. 2016년에 있었던 알파고AlphaGo의 등장 이후, 우리나라 국민들도 인공지능 기술에 큰 관심을 가지게 되어 인공지능이 다양한 분야의 일상 속에 자리잡아 가고 있지요. 이런 인공지능 기술을 CT나 X-레이 영상에 적용하면 의사가 실수로 놓칠 수 있는 암과 같은 병변을 자동으로 찾아내는 것이 가능합니다. 현재 몇몇 병원에서는 인공지능이 CT 영상을 분석하는 시스템을 도입하기도 했는데요, 질환에 따라 다르기는 하지만 최근 국내의 한 병원에서는 신세포암의 진단 정확도가 85%에 이른다고 보고했습니다. 이는 영상의학과 의사의 예측 정확도인 77~84%를 넘어서는 결과라고 합니다.

물론 아직 100% 신뢰할 수는 없겠지만 사람도 언제나 실수는 할 수 있으니까요. 인공지능 기술이 점점 발전하고 있기 때문에 미래에는 의사와 인공지능이 함께 질병을 진단하는 시대가 올 것으로 기대합니다. 진단의 정확도도 더욱 높아지겠지요.

우리 몸 밖에서 측정한 데이터를 이용해 몸 내부를 자세하게 들여다볼 수 있다는 사실은 정말 놀라운데요. CT 영상 기술의 바탕에는 앞서 설명한 것처럼 수학이라는 강력한 무기가 있었습니다. 아마 고등학교 때 미분, 적분을 배우면서 '이런 걸 배워서 어디에 쓸까?'라는 생각을 한 번쯤 해 본 적이 있었을 텐데요. CT 영상을 복원할 때 사용하는 라돈 변환은 미분과 적분이 없었다면 탄생할 수 없었을 겁니다. 알고 보면 우리 일상의 많은 부분이 수학으로 이뤄져 있답니다.

2

뇌는 제가 잘 봅니다

○
○
○

MRI

혹시 '핵자기공명영상'이라는 말을 들어본 적이 있나요? 큰 병원에 가면 쉽게 볼 수 있는, 흔히 MRI라 불리는 '자기공명영상magnetic resonance imaging' 기기는 다들 한 번쯤 들어보셨을 겁니다. 그런데 사실 '핵'자기공명영상이 MRI의 원래 명칭이었다고 하는데요. 아마도 이를 아는 분들은 많지 않을 겁니다. MRI는 핵자기공명nuclear magnetic resonance이라는 물리 현상을 이용해 사람의 몸속을 들여다보는 장치이기 때문에 엄밀히 말하면 핵자기공명영상이 더 맞는 표현인 것이지요.

그런데 대체 왜 명칭에서 '핵'이 빠지게 된 걸까요? MRI가 개발되고 있던 1970년대는 소위 냉전시대라고 불리던 시기였습니다. 미국과 소련이 핵무기를 경쟁적으로 개발하던 시기였지요. 그래서 당시는 너

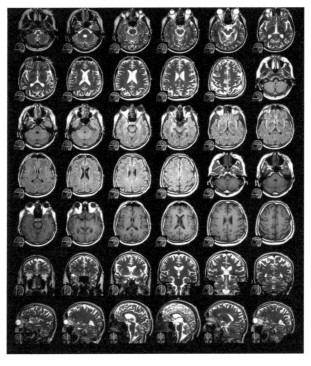

나 할 것 없이 핵 전쟁이 일어날까 두려움에 떨던 시기였습니다. 그런데 의학 영상기기의 명칭에 '핵'이라는 단어가 들어가면 사람들이 위험하다는 생각에 촬영을 거부할지도 모른다고 걱정했던 것이지요. 하지만 무시무시한 이름과 달리 MRI는 인체에 거의 해롭지 않은 아주 안전한 장치입니다.

그런데 이미 함께 살펴본 내용대로라면 CT를 이용해서도 우리 몸의 내부를 충분히 들여다볼 수 있는데 대체 왜 다른 방법이 필요한 걸까요? 그건 바로 CT가 결정적인 약점을 갖고 있기 때문입니다. CT는

X-레이를 이용해서 신체 내부의 영상을 3차원으로 만들어 내는 기기였지요. X-레이는 앞서 살펴본 대로 뼈와 같이 딱딱하고 밀도가 높은 조직은 잘 통과하지 못하지만 피부나 근육처럼 부드러운 조직은 아주 잘 통과합니다. 그래서 피부나 근육, 내장이나 뇌와 같은 부드러운 조직은 X-레이 영상에서 잘 보이지 않습니다. 그래서 이런 부드러운 조직들을 정밀하게 관찰할 수 있는 새로운 방법이 필요하게 된 것이지요. 그것이 바로 MRI입니다. 흔히 목이나 허리 디스크를 진단할 때 MRI가 많이 사용되는 이유기도 하지요.

안전하지만 복잡한 MRI

MRI는 어떤 원리로 이 부드러운 조직까지 잘 살펴볼 수 있는 것일까요? 하지만 안타깝게도 MRI의 원리를 한 번에 완벽하게 이해하는 것은 아주 어렵습니다. 대학교 수업에서 한 학기 과목으로 다룰 정도로 내용도 방대하고, 푸리에 변환과 같은 고등수학 이론이나 심지어 양자역학도 동원해야 하기 때문에 짧은 글로 설명하기는 쉽지 않습니다. 그래서 (실제로는 어렵고 복잡하지만) 최대한 아주 간단하게 원리를 설명해 보도록 하겠습니다. 여러분들도 한번 이해하기 위해 노력해 보시길 바랍니다.

앞서 MRI는 핵자기공명이라는 현상을 사용한다고 소개했는데요.

인체 내부의 영상을 얻을 때는 보통 수소원자의 핵자기공명 현상을 이용합니다(핵자기공명 현상에 대해서는 조금 후에 다시 설명합니다). 여러분들도 아시다시피 수소는 원소 기호가 1번입니다. 수소원자는 원자핵과 전자 1개로 구성돼 있지요. 수소원자의 핵은 마치 지구가 23.5도 기울어진 자전축 둘레로 자전을 하는 것처럼 어떤 축을 기준으로 자전을 하고 있습니다. 이런 핵의 회전은 자전축의 방향으로 자기장을 만들어 내게 되는데요. 마치 지구의 남극에서 자기장이 나와서 다시 북극으로 들어가는 현상과 상당히 비슷합니다. 다시 말해 수소원자 하나하나가 작은 자석과 같은 역할을 하는 셈이지요.

여기서 잠깐! 참고로 우리가 수소원자의 핵자기공명 현상을 이용하는 이유에는 크게 두 가지가 있습니다. 우선 각각의 수소원자가 만들어 내는 자기장의 크기가 다른 원소보다 더 크기 때문입니다. MRI는 원자가 만들어 내는 자기장을 측정하기 때문에 더 큰 자기장이 만들어지면 더 큰 신호를 얻을 수 있지요.

두 번째로 중요한 이유는 우리 몸 안에 수소원자가 아주 많이 들어 있기 때문입니다. 우리 몸의 70%는 물로 구성되어 있는데, 각각의 물 분자는 산소원자 1개와 수소원자 2개로 이뤄져 있기 때문에 우리 몸 속 어디에나 아주 많은 양의 수소원자를 찾아낼 수 있는 것이지요.

그런데 평상시에는 이 작은 자석들이 만들어 내는 자기장을 몸 밖에서 측정할 수가 없습니다. 자석들의 방향이 제각각이기 때문에 자기장들이 서로 상쇄되기 때문이지요. 그런데 몸의 바깥에서 큰 자기장을 만들어주면 이야기가 좀 달라집니다. 여러분 지구가 하나의 커다란 자석이라는 사실을 알고 계시지요? 이 때문에 지구상의 어느 곳에서든 나침반을 들여다보면 N극은 항상 북극 방향을 가리키게 되지요.

이와 마찬가지로 우리 몸을 통과하는 일정한 방향의 자기장을 만들어주면 우리 몸속의 작은 자석들이 마치 나침반들처럼 한 방향으로 정렬이 됩니다. 아주 많은 수의 작은 자석들이 한 방향으로 정렬이 되니, 이 자기장들이 더해져서 몸 밖의 자기장과 같은 방향의 새로운 자기장을 만들어 내게 되는 것이지요. 만약 이 자기장을 몸 밖에서 측정할 수만 있다면 우리 몸 안에 수소원자가 얼마나 많이 있는지 알아낼 수 있을 겁니다.

그런데 문제는 이렇게 새롭게 생겨난 자기장의 크기가 몸 밖에서 만들어주는 자기장에 비해 크기가 너무 작아서 측정이 어렵다는 데 있습니다. 하지만 이런 어려움을 그냥 지켜만 보고 있을 과학자들이 아니지요. 1970년대 초에 미국의 화학자인 폴 로터버Paul Lauterbur와 영국의 물리학자인 피터 맨스필드Peter Mansfield 등은 '이 작은 자석을 몸 밖 자기장의 방향에 수직한 방향으로 눕혀주면 어떨까?'라는 기가 막힌 아이디어를 내게 됩니다. 수직한 방향으로는 자기장이 전혀 없으니 아주 작은 자기장이라고 하더라도 측정이 가능할 테니까요.

그런데 도대체 한 방향으로 서 있는 자석을 어떻게 수직하게 눕힐 수가 있을까요? 그 답은 의외로 쉬운 곳에 있었습니다. 또 다른 자석을 이용해서 수직한 방향으로 당겨주면 되는 것이지요. 집에 나침반과 자석이 있다면 나침반 위에 다른 자석을 한번 가져다 대어 보시기를 바랍니다. 그러면 누워있던 나침반이 자석 방향으로 서는 현상을 관찰할 수 있을 것입니다.

더욱 재미있는 것은 이렇게 자석을 눕힐 때 원자가 가진 고유의 진동 주파수로 흔들면서 눕혀주면 더욱 쉽게 눕힐 수가 있습니다. 이 고유의 진동 주파수를 라모르Lamor 주파수라고 합니다. 수소원자는 원래 자전 축에서 기울어지면 축을 중심으로 세차운동Precession이라는 운동을 하는데요. 쉽게 말해 지구가 자전을 하면서 태양 주위를 공전하

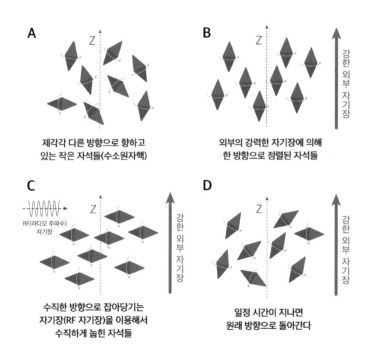

A
Z
제각각 다른 방향으로 향하고
있는 작은 자석들(수소원자핵)

B
Z
강한 외부 자기장
외부의 강력한 자기장에 의해
한 방향으로 정렬된 자석들

C
RF(라디오 주파수)
자기장
Z
강한 외부 자기장
수직한 방향으로 잡아당기는
자기장(RF 자기장)을 이용해서
수직하게 눕힌 자석들

D
Z
강한 외부 자기장
일정 시간이 지나면
원래 방향으로 돌아간다

| 자기장을 이용한 정렬이 일어나는 방식(핵자기공명 현상) |

는 현상과 비슷하다고 생각하면 됩니다. 이 세차운동의 주파수가 바로 라모르 주파수입니다. 이 주파수와 같은 주파수로 잡아당기면 마치 그네를 탈 때 올라가는 타이밍에 맞춰서 발을 굴러주면 더 높이 올라가는 것처럼 쉽게 수소원자 자석들을 눕혀줄 수 있는 것이지요. 이런 현상을 바로 '핵자기공명' 현상이라고 부릅니다.

이렇게 수직한 방향으로 자석들을 눕힌 다음에는 수소원자들이 만들어 내는 자기장을 측정하면서, 몇 가지 기발한 기술들과 수학적 알고리즘(이 기술과 알고리즘을 설명하기에는 많은 시간이 필요하기 때문에 생략하도록 하겠습니다)을 동원하면 측정하는 몸의 어느 부위에서 얼마만큼의 자기장이 발생하고 있는지를 알아낼 수 있습니다. 우리 몸의 각 조직과 기관은 서로 다른 수분 함량을 갖고 있기 때문에 수소원자의 밀도가 다릅니다. 이뿐만 아니라 수소원자 자석이 누운 다음에 원래 상태로 돌아오는 데까지 걸리는 시간도 각기 다르지요. 이런 차이를 3차원 영상으로 그려낸 것이 바로 MRI입니다.

너무 어렵다고요? 그래서 이 장 마지막에 MRI에 대한 궁금증을 더 풀어줄 수 있는 강의 영상 링크를 준비해 뒀습니다. 관심있는 분들은 찾아서 보시면 도움이 되실 겁니다. 여하튼 이렇게 인체 내부를 들여다볼 수 있는 MRI 장치를 개발한 공로로 로터버와 맨스필드는 노벨 생리의학상을 공동 수상하게 됩니다.

뇌의 활동을 관찰하다

1970년대 초에 자기장을 이용해 사람의 몸 내부를 들여다볼 수 있는 MRI가 개발되고 난 뒤, 이 장치를 더욱 발전시키는 임무가 의공학자들에게 주어졌습니다. 이들이 가장 먼저 뛰어든 주제는 바로 '어떻게 하면 더욱 선명하고 정밀한 영상을 찍을 수 있을까?'하는 것이었지요.

앞서 설명한 것처럼 몸속 작은 자석들의 세기를 키워주면 더 큰 신호를 얻을 수가 있어 더욱 정밀한 영상을 얻어낼 수 있는데요. 이렇게 하기 위한 방법에는 크게 두 가지가 있습니다. 하나는 수소원자 주변의 온도를 낮추는 것입니다. 그런데 우리 인간은 체온이 일정하게 유지되는 항온동물이기 때문에 몸속의 온도를 마음대로 낮출 수가 없지요. 다른 방법은 외부에서 만들어주는 자기장의 세기를 키우는 것인데, 이건 의공학자들이 노력해서 해결할 수 있는 방법이었습니다.

자기장의 세기*는 테슬라(T)라는 단위로 표시합니다. 지구가 만들어 내는 자기장인 지자기의 세기는 0.00005 테슬라 정도입니다. 가정에서 냉장고에 많이 부착하는 병따개 자석의 세기는 0.02 테슬라 정도이고요. 시중에서 구할 수 있는 가장 센 영구자석의 세기는 1.3 테슬라 정도인데 이 정도 세기의 자석은 냉장고에 붙으면 손으로는 절대로 뗄 수 없을 정도로 강력한 자석입니다. 잘못해서 손가락이 자석

---

* 엄밀히 말하면 '자속밀도magnetic flux density' 입니다.

과 냉장고 사이에 끼기라도 하면 손톱이 빠질 수도 있을 정도로 무시무시한 자석이지요.

그런데 최근 병원에 많이 설치되어 있는 MRI는 3 테슬라의 자기장을 이용합니다. 이렇게 큰 자기장은 영구자석으로는 도저히 만들 수가 없기 때문에 '초전도체**'로 만든 거대한 전자석을 이용하지요. MRI 하면 떠오르는, 가운데 구멍이 뚫린 원통 둘레에는 초전도체로 만든 전선이 용수철 모양으로 빼곡하게 감겨져 있습니다.

그런데 초전도체는 아주 낮은 온도에서 저항이 사라지기 때문에 매우 큰 전류를 흘릴 수 있어서 3 테슬라보다 더 큰 자기장도 만들어 내는 것이 가능합니다. 예를 들면 7 테슬라나 9.4 테슬라, 그 이상도 충분히 만들어 낼 수 있지요. 이처럼 3 테슬라보다 높은 자기장을 쓰는 MRI를 초고자장 MRI라고 부르는데요. 초고자장 MRI를 이용하면 현재 병원에서 촬영하는 영상보다 더욱 선명하고 정밀한 영상을 만들어 낼 수 있어 알츠하이머 치매와 같은 뇌질환을 진단하는 데 크게 도움이 될 것으로 예상하고 있습니다. 그런데 왜 병원에서는 아직 이런 초고자장 MRI를 찾아보기가 어려운 것일까요?

우리는 많은 공학 문제에서 '트레이드오프trade-off'라는 문제를 경험합니다. 트레이드오프란 하나의 이득을 얻는 대가로 다른 측면의 이득을 잃게 되는 현상을 말하는데요. 초고자장 MRI도 같은 문제를 갖

—

** 저항이 0이 되는 물체를 의미하며 저항이 없기 때문에 열이 발생하지 않아서 매우 큰 전류를 흘릴 수 있습니다. 다만 현재 사용 가능한 초전도체는 매우 낮은 온도에서만 초전도 성질을 가집니다.

교실 밖에서 듣는 바이오메디컬공학

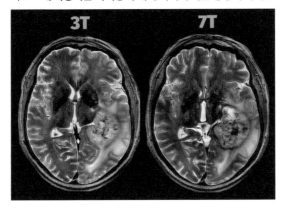

고 있습니다. 초고자장 MRI를 사용하면 정밀한 영상을 얻어낼 수 있는 대신에 자기장을 균일하게 만드는 것이 어려워져서 균일한 밝기의 영상을 만들어 내기가 어렵습니다. 영상의 어느 부분은 밝고 다른 부분은 어두워져서 얼룩덜룩한 영상이 만들어지게 되는 것이지요.

요즘에는 주로 컴퓨터를 이용해 MRI 영상을 자동 분석하는데요. 균일하지 않은 영상은 이런 분석을 하는 데 적합하지가 않습니다. 이뿐만 아니라 이렇게 정밀하게 신체 내부를 관찰하려면 데이터를 얻어내는 데 시간이 많이 걸리기 때문에 넓은 부위를 관찰하려면 시간이 너무 오래 걸립니다. 이처럼 공학에서 발생하는 트레이드오프 문제를 해결할 기술을 흔히 돌파형 기술breakthrough technology이라고 부르는데요. 의공학자들의 노력에 힘입어 초고자장 MRI의 트레이드오프 문제를 해결할 수 있는 돌파형 기술이 속히 개발되기를 바라봅니다.

MRI를 가장 많이 활용하는 신체 부위는 다름 아닌 뇌입니다. 우리 뇌는 말랑말랑한 조직으로 구성돼 있어서 CT로도 관찰이 어렵고 딱딱한 뼈로 덮여 있어서 초음파로도 들여다보기 어렵기 때문이지요. MRI 기술이 발전하면서 1990년대 초에는 MRI를 이용해서 뇌의 활동을 관찰할 수 있는 기능적 자기공명영상functional MRI, 즉 fMRI라는 기술도 개발됐습니다.

미국의 일본계 의공학자인 세이지 오가와Seiji Ogawa 교수 연구팀은 1990년에 아주 획기적인 아이디어를 하나 발표했는데요. 뇌가 활동할 때 그 부위에 산소를 많이 공급하기 위해서 혈류량이 증가하면 혈관 내부에 있는 헤모글로빈의 농도가 변하게 되고 이런 변화가 주변 자기장에 영향을 주게 되어 MRI 영상에 미세한 변화가 나타난다는 것이었습니다. fMRI는 이를 이용한 것이었지요. fMRI의 개발은 뇌과학 분야에 엄청난 변화의 바람을 몰고 오게 됩니다. 심지어는 fMRI가 개발되기 전의 수천 년 동안 뇌에 대해 알아낸 사실보다, 이후 30년 간 fMRI를 이용해서 알아낸 사실이 더 많다는 평가를 내리기도 하니까요.

그런가 하면 1990년대 후반에는 MRI를 이용해서 대뇌의 백질에 있는 신경섬유 다발의 구조를 해부하지 않고도 들여다볼 수 있는 기술인 확산 텐서 영상diffuse tensor imaging도 개발되었는데요. 신경섬유가 뻗어 있는 방향으로 물의 확산이 더 활발하게 일어나는 현상을 이용해 수소원자의 이동을 MRI로 추적하는 방법입니다. 이 방법을 이용하면 신경섬유 다발의 기형이나 섬유가 끊어지는 현상 등을 관찰할 수 있어 여러 가지 뇌질환을 진단하는 데 활용이 가능하지요.

최근 MRI 분야의 가장 큰 이슈 또한 인공지능 기술을 활용하는 것입니다. 빠른 속도로 발전을 거듭하고 있는 인공지능 기술을 이용하면 MRI 영상을 보다 빠르게 얻어내거나 영상의 질을 나아지게 할 수 있고, 영상으로부터 중요한 정보를 자동으로 뽑아내는 것도 가능해지지요. 이런 분야에서 우리나라 의공학자들의 활약이 대단하니 여러분들도 많은 관심을 갖고 지켜보시면 좋겠습니다.

영화 〈아바타〉를 보면 캡슐 안에 누워 있는 주인공의 뇌를 빠르고 정밀하게 스캔하는 뇌영상 기술이 등장합니다. MRI를 연구하는 모든 의공학자들의 꿈이라고 할 수 있지요. 현재의 fMRI는 혈류의 변화를 측정하기 때문에 아주 느린 뇌의 변화만을 관찰할 수 있습니다. 최근에는 빠르게 변하는 신경세포의 활동을 MRI로 직접 관찰하기 위해 아주 낮은 세기의 자기장을 사용하는 초저자장 MRI라는 기술도 개발되고 있는데요. 앞으로 이런 기술들이 더욱 발전하여 MRI를 통해 여러 난치성 질환을 조기에 진단하고 치료할 수 있게 되기를 바라봅니다.

MRI의 원리는 처음 배우는 분들이 글만 읽어서는 이해하기 상당히 어렵습니다. 그림과 수식을 함께 보아야지만 비로소 완전하게 이해할 수가 있지요. MRI의 원리에 대해서 조금 더 깊이 있게 공부하고 싶은 분들은 다음 링크에 있는 온라인 강의 동영상을 보시면 도움이 될 것입니다.

더불어 이 글을 읽는 여러분들이 미래의 의학 영상 기술을 만들어 내는 주역이 되기를 기대해 봅니다.

3

소리를 이용해 영상을 보다

◦
◦
◦

초음파 영상기기

여러분들이 세상에 태어나기 전에 엄마 배 속에서부터 이미 체험한 의료기기가 하나 있습니다. 여러분의 몸이 엄마 배 속에서 잘 자라고 있는지, 심장은 잘 뛰고 있는지, 손가락은 다섯 개씩 잘 붙어있는지를 부모님들께 실시간으로 보여준 기기이지요. 바로 우리에게 가장 친숙한 의학 영상기기인 초음파 영상기기입니다.

그런데 이번에도 마찬가지인 질문이 떠오릅니다. 이미 앞서 살펴본 CT나 MRI로 우리 몸속을 살펴보아도 충분한데 왜 굳이 초음파 영상기기라는 것을 사용하는 것일까요? 그 이유는 의외로 단순합니다. 초음파가 가장 안전하고 간편하게 신체 내부를 들여다볼 수 있는 방법이기 때문입니다. 이뿐만 아니라 가격도 상대적으로 저렴하고 실시간으로 신체 내부를 관찰할 수 있다는 장점도 있지요.

초음파 영상기기는 음파, 다시 말해 소리를 이용합니다. 초음파라는 말은 음파 중에서 우리가 들을 수 있는 최대 주파수인 2만 Hz보다 더 높은 주파수의 음파를 사용하기 때문에 붙여진 이름입니다. 따라서 초음파의 성질은 우리가 말을 할 때 발생하는 소리의 성질과 전혀 다르지 않습니다. 그런데 왜 우리가 들을 수 있는 소리가 아닌 이렇게 높은 주파수의 음파를 사용하는 것일까요?

소리는 한마디로 매질의 진동이라고 할 수 있습니다. 공기가 매질일 때는 우리가 들을 수 있는 소리도 어느 정도 잘 전파가 됩니다. 하지만 수영장에서 잠수를 하고 있는 상태에서는 물 밖에서의 소리가 잘 들리지 않게 되지요. 이런 달라진 매질 안에서도 전파가 잘 일어나게 하기 위해서 음파의 주파수를 높이는 것입니다. 특히 사람의 몸은 70%가 물로 구성돼 있기 때문에 더욱 주파수를 높이는 것이 필요하지요.

초음파 영상의 핵심, 트랜스듀서

초음파 영상의 원리는 매우 간단합니다. 우선 전기신호를 초음파로 바꿔주는 트랜스듀서transducer라는 장치가 필요합니다. 트랜스듀서는 일종의 에너지 변환장치를 의미합니다. 몸 표면에 트랜스듀서를 대고 초음파를 발생시키면 몸 내부로 들어간 초음파가 장기나 조직의 경계

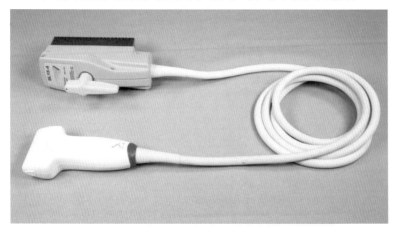

에서 부딪혀 반사가 일어나게 됩니다. 발사한 초음파의 일부가 되돌아오는 셈이지요.

트랜스듀서는 전기신호를 초음파로 바꿔주는데 반대로 초음파를 받으면 전기신호를 만들어 낼 수도 있습니다. 반사되어 돌아오는 초음파를 다시 트랜스듀서로 측정하면 가까이서 반사된 초음파는 먼저 측정이 되고 멀리서 반사된 초음파는 나중에 측정이 되겠지요. 그러면 초음파가 진행한 방향으로 어떤 경계가 있으며, 이 경계가 초음파를 얼마나 많이 반사하는지를 알아낼 수가 있습니다.

이런 현상을 이용해서 초음파를 여러 방향으로 발사한 뒤에 반사된 초음파신호를 한데 모으면 2차원 영상을 만들어 낼 수 있습니다. 그런데 초음파를 여러 방향으로 발사하려면 초음파 트랜스듀서의 방향을 계속해서 틀어줘야 합니다. 그런데 트랜스듀서의 방향을 돌리기 위해

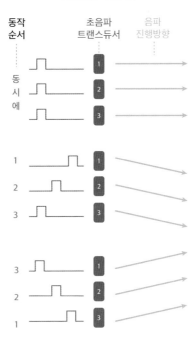

| 빔 조향의 원리 |

전기 모터가 탐촉자 내부에 들어가면 진동도 발생하고 기계장치에 고장도 발생할 수가 있겠지요. 그래서 의공학자들은 트랜스듀서의 위치를 옮기지 않고도 2차원 단면 영상을 얻어낼 수 있는 아주 스마트한 아이디어를 고안합니다.

그 아이디어는 바로 작은 트랜스듀서를 여러 개 만든 다음에 나란히 붙이는 겁니다. 그런 다음에 각각의 초음파 트랜스듀서에서 초음파를 발사하는 시점을 조금씩 다르게 조절하면 트랜스듀서를 회전시키지 않고도 음파의 간섭 현상에 의해서 초음파의 발사 각도를 조절할 수가 있습니다.

예를 들어 앞 페이지의 그림과 같이 초음파 트랜스듀서 3개가 나란히 놓여 있다고 가정합시다. 가장 위의 그림에서처럼 세 개의 트랜스듀서가 동시에 초음파를 발사하면 음파는 가운데 방향으로 나아가겠지요. 그런데 트랜스듀서 1, 2, 3을 시간차를 두고 차례대로 동작시키면 음파가 서로 간섭현상을 일으켜 3번 방향으로 음파가 날아갑니다. 반대로 트랜스듀서 3, 2, 1을 순서대로 동작시키면 1번 방향으로 음파가 날아가게 됩니다. 이런 방법으로 실제 회전 없이 초음파의 방향을 바꿔주는 방법을 '빔 조향beam steering'이라고 부릅니다.

실제 초음파 영상의 원리는 훨씬 더 수학적이고 복잡하지만 빔 조향 정도만 이해하더라도 대략적인 개념은 잡았다고 할 수 있습니다. 초음파 영상기기는 이런 빔 조향을 매우 빠르게 할 수 있기 때문에 심장이 뛰는 모습도 실시간으로 보는 게 가능합니다.

다양하게 쓰이는 초음파 영상기기

그런가 하면 초음파 영상기기를 이용해서 혈액의 흐름도 관찰할 수가 있는데요. 음파의 성질 중에는 우리가 중고등학교 때 배우는 도플러 효과Doppler effect라는 것이 있습니다. 앰불런스가 다가올 때는 음파의 파장이 짧아지고 주파수가 높아져서 높은 소리가 들리고, 다시 앰불런스가 멀어지면 음파의 파장이 길어지고 주파수는 낮아져서 낮은 소리가 들리는 현상이지요. 혈액 안에 있는 적혈구는 음파를 잘 반사하는 성질을 가지고 있습니다. 따라서 혈관을 향해 초음파를 발사하면, 적혈구를 포함한 혈액이 빠르게 멀어지면서 반사되는 초음파의 파장이 길어집니다. 반대로 천천히 멀어지면 상대적으로 초음파의 파장이 덜 길어지게 되지요. 이런 현상을 이용하면 흘러가는 혈액의 양과 속도를 계산해서 영상으로 나타낼 수가 있습니다.

최근에는 광음향영상photoacoustic imaging이라는 기술도 개발되고 있는데요. 생체 조직에 레이저를 발사하면 조직이 열에 의해 팽창하면서 약한 초음파를 발생시킵니다. 이런 특성은 조직마다 조금씩 다르기 때문에 이 초음파를 측정하면 조직별로 구별이 되는 영상을 만들어내는 게 가능한데요. 특히 피부암이나 유방암처럼 피부 가까운 곳에 있는 종양 세포를 찾아내는 데 유용한 것으로 밝혀져 국내외에서 활발히 연구되고 있습니다.

앞서 초음파의 가장 큰 장점은 안전성에 있다고 했는데요. 그것은 초음파의 강도를 세포에 영향을 주지 않을 정도로 낮게 유지하기 때문입니다. 사실 초음파도 강도를 높이면 세포나 조직을 파괴할 수 있을 정도로 강력한 힘을 가지는데요. 이를 이용해 최근에는 이런 고강도의 초음파를 한 곳에 집중시켜서 암세포만을 없애 주는 치료 기술도 보급되고 있습니다. 바로 하이푸HIFU라는 기술입니다.

하이푸는 고강도 집속 초음파High Intensity Focused Ultrasound의 영어 약자인데요. 수술을 하지 않고도 암세포나 양성 종양을 정밀하게 없앨 수 있어 자궁근종이나 전립선암 등을 치료하기 위해 많이 사용되고 있습니다. 특히 자궁근종은 과거에는 치료를 위해 자궁을 적출하는 수술을 하는 경우가 많았는데 하이푸의 보급으로 인해 수술 없이도 치료가 가능한 질환이 되고 있습니다. 최근에는 하이푸를 다른 질환의 치료로 확대하기 위해서 많은 의공학자들이 노력하고 있답니다.

이처럼 소리를 이용해서 우리 몸의 내부를 살펴볼 수 있다는 사실은 참으로 놀라운데요. 최근에는 초음파 영상에 인공지능을 적용해 자동으로 진단을 한다거나, 배 속 태아의 모습을 정확하게 3차원으로 복원해주는 영상 처리 기술 등이 발전하고 있습니다. 그래서 요즘은 입체 초음파로 본 태아의 모습이 태어날 아기의 모습과 거의 일치하지요.

특히 초음파 영상 분야는 여러 바이오메디컬공학 분야 중에서도 우리나라가 세계적으로 인정받고 있는 분야 중 하나입니다. 앞으로도 우리나라의 바이오메디컬공학이 더욱 발전하여 세계 최고의 초음파 의료영상 기술을 만들어 내기를 기대해 봅니다.

초음파 영상은 매우 안전하지만 일부 의사들은 임산부가 태아를 위해 너무 자주 초음파 검사를 받지 않는 것이 좋다고 합니다. 태아의 이상 유무를 가려내는 용도 이외에 단지 태아의 모습을 미리 보기 위해 초음파 검사를 받는 것은 기술을 남용하는 것이라는 의견이 있기 때문입니다.
실제로 우리나라는 세계에서 가장 태아 초음파 검사를 많이 하는 국가라고 하는데요. 미래에는 더 정확한 연구결과가 생기겠지만 언젠가 아이를 가지게 될 여러분들은 참고해두면 좋을 것 같습니다.

4

몸속에선 어떤 일이 일어나고 있을까?

핵의학영상

점심에 먹은 사탕이나 마신 물은 우리 몸속 어디로 가서 어떻게 사용되는 것일까요? 우리가 우리 몸속에 들어간 성분이 무엇인지, 이것이 어떤 곳에서 어떤 특별한 작용을 하는지 속속들이 알 수 있다면 이 정보를 여러 곳에 활용할 수 있을 것입니다. 예를 들어 우리가 먹는 약이 우리 몸속 어디에서 어떻게 작용하는지 알아낼 수 있다면 이 정보를 새로운 약을 개발하는 데 활용할 수 있겠지요. 또 암세포가 체내에서 증식을 할 때 사용하는 성분을 추적할 수 있다면 암 진단이나 치료기술을 연구하는 의학 분야에 적용할 수 있을 것입니다.

물론 의공학자들은 이런 기술을 만들어 내기 위해 지금까지 열심히 노력해 왔지요. 현재까지는 우리 몸속에 들어간 성분을 분자 수준에서 영상화하는 '분자영상Molecular imaging' 기술이 개발된 상태입니다. 이러한 분자영상 기술들 중에서, 현재 의료 분야에서 활발하게 사용되고 있는 대표적인 기술이 바로 '핵의학영상Nuclear Medicine Imaging'입니다.

동위원소를 이용해 몸을 들여다보다

핵의학영상은 동위원소isotope를 이용해서 영상을 만듭니다. 조금 더 정확히 말하면 방사성동위원소radioisotope이지요. 동위원소란 원자번호는 같지만 질량수가 다른 원소를 일컫습니다. 예를 들어 산소는 보통 원자번호가 8번이고 질량수는 16 이며, 기호로는 ^{16}O로 표시합니다. 보통의 산소와 같이 원자번호가 8이지만 질량수가 15인 산소(^{15}O)는 ^{16}O의 동위원소인 것이지요.

특히 이런 동위원소들 중에는 상태가 불안정해서 방사선을 방출한 뒤에 안정한 상태로 변하는 동위원소가 있는데요. 이들을 방사성동위원소라고 부릅니다. 일반적으로 안정한 상태의 원소들을 살펴보면 원자번호가 낮은 원소들의 경우에는 핵에 중성자와 양성자의 수가 비슷한 경향성을 보이고, 원자번호가 높은 원소들의 경우에는 중성자의 수가 양성자보다는 많은 경향성을 보입니다.

하지만 안정적인 상태에서 벗어나 있는 동위원소는 내부의 에너지가 높아 다양한 형태로 에너지를 발산하면서 안정된 상태로 변화하려

| 초창기 사이클로트론의 도식도 |

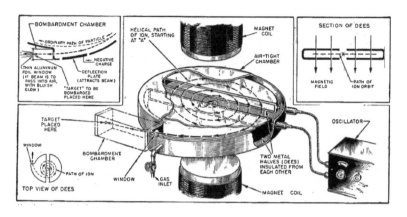

는 특성을 갖게 됩니다. 이때 나오는 에너지 중 우리가 자주 들어 본 것으로는 방사선을 들 수 있습니다.

핵의학영상 기술은 이러한 방사성동위원소를 인공적으로 만들 수 있는 사이클로트론Cyclotron을 어니스트 로렌스Ernest Lawrence 박사가 1931년에 개발하면서 발전할 수 있었습니다. 전자석을 이용하여 전하를 띤 입자를 가속시켜 특정 원소에 충돌시키는 방법을 이용했지요. 사이클로트론을 활용하면 ^{11}C, ^{15}O, ^{18}F, ^{24}Na, ^{32}P, ^{131}I 등과 같이 다양한 인공 방사성동위원소를 만들 수 있습니다.

핵의학영상은 이렇게 인공적으로 만들어진 방사성동위원소가 붕괴하면서 방출하는 방사선을 측정해 영상을 만들어 내는 기술입니다. 그런데 어떻게 이 방출되는 방사선을 이용해 우리 몸의 내부를 영상화할 수 있는 걸까요? 방사성동위원소를 원자단위로 몸에 집어넣는 것일까요? 그런 것은 아니고 핵의학영상은 우리가 영상으로 보고 싶어하는 화학물질에 동위원소를 삽입하여 만든 화합물이 우리 몸속에서 어떻게 사용되는지를 영상화합니다.

조금 어려우니 예를 들어 보겠습니다. 우리 몸속에서 산소가 어떻게 사용되는지 알기 위해 방사성동위원소인 산소(^{15}O)를 이용해 특수한 물($H_2^{15}O$) 분자를 합성해 냅니다. 이렇게 인공적으로 합성된 물 분자를 체내에 넣어 영상을 촬영하게 되면 우리 체내의 어느 곳에서 물($H_2^{15}O$)이 사용되는지를 알아낼 수 있지요. 물($H_2^{15}O$)과 같은 물질은 영상으로 추적이 가능한 분자구조이기 때문에 방사성추적자radiotracer라고도 부릅니다.

한마디로 핵의학영상을 좀 더 정확히 정의하면, 몸속에 넣어준 방사성추적자의 방사선동위원소에서 방출되는 방사선을 검출하여 인체 조직의 기능이나 변화를 측정하는 것입니다. 우리 생명체의 대부분을 구성하는 화합물은 탄소(^{12}C), 산소(^{16}O), 소듐(^{23}Na) 등으로 구성되어 있기 때문에 이 원소들을 각각의 동위원소인 ^{11}C, ^{15}O, ^{24}Na 등으로 대체하면 원하는 화합물의 대부분을 앞서 설명한 물($H_2^{15}O$)과 같은 방사성추적자로 만들 수 있습니다. 그리고 이를 통해 각각의 기능이나 변화를 영상으로 만들 수 있지요. 이렇게 얻어진 영상은 여러 가지 질병을 진단하거나 치료하는 데 사용할 수 있습니다.

교실 밖에서 듣는 바이오메디컬공학

분자 영상의 꽃, 핵의학영상기기

　의료분야에서 사용되는 핵의학영상기기들은 방출되는 방사선의 종류에 따라 나누어 볼 수 있는데요. 방출되는 방사선이 단일 감마선(혹은 단일 광자photon)인 경우 이를 2차원의 사진영상처럼 촬영하는 감마 카메라Gamma Camera, 단일 감마선이지만 3차원의 영상처럼 단면 영상을 얻을 수 있는 단일광자방출단층촬영장치Single Photon Emission Computed Tomography, SPECT, 쌍방향으로 방출되는 감마선을 이용해서 3차원의 단면 영상을 얻을 수 있는 양전자방출단층촬영장치Positron Emission Tomography, PET가 있습니다. 혹시 병원을 자주 다닌 경험이 있다면 한 번쯤 보거나 경험해 본 기기들이지요.

　단일광자방출단층촬영장치는 스펙트SPECT라고 불리는데요. 방사능 검출기가 회전하면서 감마선을 검출합니다. 이렇게 회전 각도마다 얻어진 감마선 데이터를 이용하여 영상을 재구성하면 3차원 단층 영상을 얻을 수 있습니다. 이렇게 감마카메라와 단일광자방출단층촬영장치를 이용하면 암뿐만 아니라 골수염이나 뼈에서 발생한 염증 등을 쉽게 진단할 수 있고, 신장의 기능 및 혈류장애를 진단하는 데에도 많이 사용됩니다.

　양전자방출단층촬영장치는 흔히 펫PET으로 잘 알려져 있는데요. 일부 동위원소는 전자와 충돌한 뒤 붕괴하여 서로 180도의 방향을 가지는 2개의 감마선을 방출합니다. 이렇게 방출된 감마선을 인체 둘레의

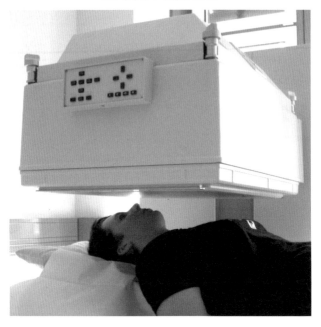

감마선 검출기로 측정한 다음 앞서 CT에서도 소개된 적이 있는 역전사 알고리즘을 이용하면 단면 영상을 얻어낼 수 있습니다. PET은 주로 동위원소 ^{18}F을 포도당에 결합한 방사성추적자를 사용하는데요. 포도당은 에너지 대사가 많은 곳에 많이 모이기 때문에 에너지 대사가 활발한 암을 검출하는 데 매우 유용합니다.

  최근의 핵의학영상 기술 트렌드는 역시 융합입니다. SPECT나 PET은 분자영상이 가능하지만 영상의 해상도가 아주 떨어지기 때문에 영상에서 밝게 나타난 부위가 정확히 어느 부위인지 알아내기가 어려운 경우가 많습니다. 그래서 우리 몸속의 뼈 등의 위치를 정확하게 보여

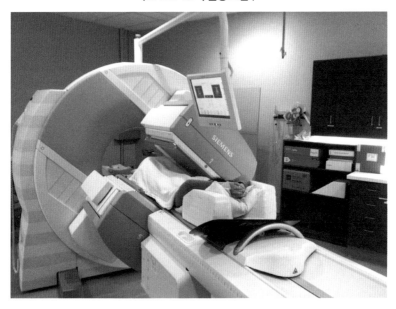

주는 CT 영상과 결합한 'SPECT-CT'나 'PET-CT'가 병원에서 널리 쓰이고 있지요. 더 나아가 최근에는 다양한 종류의 영상을 제공할 수 있는 MRI와 융합된 PET 시스템도 상용화되어 쓰이고 있답니다.

특히 PET과 MRI의 융합기술 개발에 있어서는 한국인으로서 자랑하고 싶은 이야기가 하나 있는데요. 바로 이 융합기술 개발의 주역이 한국인이기 때문입니다. 바로 '우리나라 과학분야 한국인 최초 노벨상 후보'를 이야기할 때 항상 1순위로 거론되는 조장희 교수님입니다. 조장희 교수님은 이미 1975년에 원형 형태의 PET을 세계 최초로 개발한 학자이기도 하지요.

이처럼 핵의학영상은 분자영상의 꽃이라 불리며 나날이 발전하고 있습니다. 다양한 질병을 진단하고 치료하기 위해 새로운 방사성추적자가 개발되고 있고, 뛰어난 성능의 검출기 시스템도 계속해서 개발되고 있지요. 조장희 교수님의 뒤를 이을, 창의적인 아이디어로 무장한 후배 의공학자들이 양성된다면 우리나라에서 새로운 핵의학영상 기술이 탄생할 수도 있지 않을까요? 머지않아 여러분들 중에서 정말로 한국인 최초의 노벨상 수상자가 나오길 기대해 봅니다.

'보는 것이 믿는 것이다'라는 속담에서처럼 바이오메디컬공학 분야에서는 신체 내부의 구조나 분자의 활동 등을 알아내기 위한 영상 기술이 많이 연구되어 왔습니다. 그중에서도 생체 내에서 일어나는 다양한 분자의 활동을 관찰할 수 있는 핵의학영상은 분자영상의 핵심으로 각광받고 있지요. 하지만 다양한 영상기술의 발전에도 불구하고, 아직도 영상화가 어려워 진단이 어려운 질환도 많이 존재한답니다. 때문에 핵의학영상을 비롯한 의학 영상기기 분야는 여러 바이오메디컬공학도의 관심이 끊임없이 필요한 분야입니다.

2부

장애를 넘어 신체를 증강하다

1

손발 잃은 사람들의 희망

근전 인터페이스

마블 코믹스의 영화 〈어벤저스〉 시리즈에 등장하는 윈터솔져 버키 Bucky는 잃어버린 왼팔 대신에 은색으로 빛나는 로봇 팔을 장착하고 초인적인 능력을 발휘합니다. 사실 우리는 의수라고 하면 〈피터팬〉에 등장하는 후크 선장의 왼팔에 달린 갈고리나, 드라마 〈왕좌의 게임〉에 등장하는 제이미 라니스터Jamie Lannister의 청동으로 만든 오른팔 의수, 영화 〈내부자들〉에 등장하는 이병헌 배우의 왼손 의수를 먼저 떠올리곤 하지요.

하지만 안타깝게도 이런 의수는 우리의 팔이나 손이 있어야 할 '자리'를 대신하기는 하지만 물건을 집거나 상대와 악수를 나눌 때는 전혀 쓸모가 없습니다. 보이기 위한, 심미적인 목적의 액세서리 이상도 이

| 전시된 루크 암의 모습 |

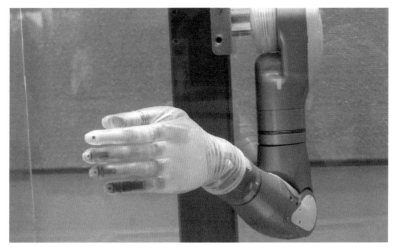

하도 아니기 때문이지요. 윈터솔져가 장착하고 있는 멋진 로봇 팔과는 아주 거리가 멉니다. 하지만 바이오메디컬공학의 눈부신 발전은 윈터솔져의 전자의수를 현실에서 구현해 내고 있습니다.

미국의 모비우스 바이오닉스Mobius Bionics라는 회사에서 최근 발표한 루크 암LUKE Arm은 손목이나 팔꿈치뿐만 아니라 손가락 하나하나까지도 아주 정교하게 조절할 수 있는데요. 심지어는 로봇의 손가락 끝에 압력센서를 부착해서 계란처럼 쉽게 깨지는 물체는 힘을 약하게 가하고, 단단한 물체를 잡을 때는 힘을 세게 주는 놀라운 기능도 탑재하고 있습니다.

이 전자의수의 이름인 '루크'는 영화 〈스타워즈〉의 주인공인 '루크 스카이워커'에서 따온 것인데요. 〈스타워즈 5〉에서 다스베이더의 광선검에 오른손을 잘린 루크는 원래의 손과 똑같이 생긴 전자의수를 장착하고 다시 제다이 기사로 활동하지요. 이처럼 신체의 일부를 대체하는 인공적인 장치를 '인공 보철prosthesis'이라고 부릅니다. 치과에서 이가 썩으면 썩은 부위를 도려내고 그 부위를 금이나 세라믹 등으로 대신하는 것을 '치아 보철'이라 하는 것처럼 말입니다.

의수에 관절이 생겨나다

신체에서 잃어버린 부분을 다른 기구로 대체하고자 하는 욕망은 너무나 자연스러운 본능이겠지요. 그래서 잃어버린 팔이나 다리를 대체하는 의수나 의족은 무려 2천 년 이상의 역사를 갖고 있습니다. 하지만 500년 전까지만 하더라도 의수나 의족은 앞에서 언급한 후크 선장의 갈고리나 해적이 달고 다니던 통나무 의족과 크게 다르지 않았지요.

이런 의수, 의족에 큰 변화의 바람을 일으킨 사람이 있었는데요. 바로 '보철의 아버지'라고도 불리는, 16세기 프랑스 외과의사 앙부르아즈 파레Ambroise Paré입니다. 파레는 처음으로 의수와 의족에 관절을 달아 팔과 다리를 접을 수 있게 했는데요. 물론 자동으로 접을 수 있었던 것은 아니고 일일이 손으로 잡아당겨야 했지만 그가 의수나 의족에 관절을 만들어 넣은 것은 인공 보철의 역사에서 아주 중요한 이정표가 됐습니다. 특히 중세였던 당시는 다리를 잃은 기사가 관절이 있

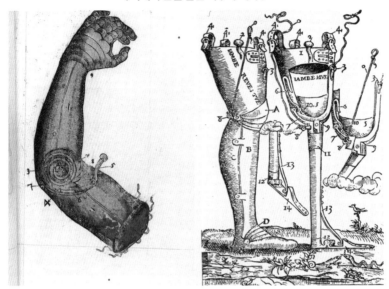

는 의족을 착용하자 다시 말을 타고 전투에 참가할 수 있게 되었는데 요. 이것이 중세 전쟁의 판도를 바꿨다는 평가를 받기도 합니다.

파레의 접히는 의수와 의족 이후, 인공 보철의 역사에서 가장 큰 변화를 만들어 낸 사건이 1960년 무렵 일어납니다. 1950년대 후반 에 임산부의 입덧을 없애 주는 약으로 널리 사용됐던 '탈리도마이드 thalidomide'라는 약을 복용한 임산부들이 팔이나 다리가 없는 기형아를 출산하기 시작한 것이 계기가 되었는데요. 이 사건은 인류 의학 역사 상 최악의 비극이었습니다. 무려 2만 5천 명이 넘는 아이들이 팔이나 다리 없이 태어나게 되었기 때문이지요.

무려 2천 명이 넘는 피해자가 발생했던 영국에서는, 이 아이들을 위

해 '터치 바이오닉스Touch Bionics'라는 회사가 설립됩니다. 그리고 마침내 손가락을 전동으로 움직일 수 있는 의수를 만들어 내었지요. 현대의 전자의수는 이 불쌍한 아이들을 돕기 위해 시작됐다고 해도 과언이 아닙니다.

전자의수를 가능하게 한 근전 인터페이스

그런데 전자의수를 착용하면 어떻게 의도한 대로 손을 자유롭게 움직일 수 있는 것일까요? 그 비결은 바로 '근전 인터페이스myoelectric interface'라는 기술에 있습니다. 우리 몸은 수많은 근육으로 이뤄져 있는데요. 이 근육을 수축시키는 동력은 다름 아닌 우리 몸에 흐르는 전류입니다. 근육이나 신경은 흥분성 세포라고 하는데요. 세포의 흥분이일어나면 활동전위action potential라고 하는 전류를 발생시킵니다. 이처럼 근육에 전류가 흐르면 근육의 수축이 일어나게 되는 것이지요. 심장의 경우에도 심장 벽을 이루는 근육에 전류가 흐르면 심장이 수축되면서 온몸에 피를 공급할 수 있게 됩니다.

이처럼 근육에서 발생하는 전류를 근전도electromyogram라고 부르는데요. 근전도신호는 피부 표면에서도 측정이 가능합니다. 피부에 전기신호를 측정할 수 있는 전극을 여러 개 붙인 채로 서로 다른 손동작을취하면 각각의 전극에 독특한 패턴의 근전도가 측정됩니다. 이 신호를 기계학습 기술을 이용해서 분석하면 어떤 손동작을 취했는지를 알아낼 수 있지요.

그런데 손이나 팔을 잃어버린 사람들은 원하는 손동작을 취할 수가없습니다. 하지만 우리의 뇌에는 여전히 잃어버린 손이나 팔을 움직이게 하는 영역이 남아 있기 때문에 특정한 손동작을 하라는 명령을내릴 수 있습니다. 이런 명령을 내릴 때, 팔의 잘려진 부분 바로 위쪽에 남아 있는 근육의 근전도신호를 측정하면 그 사람이 내린 명령을간접적으로 알아내는 것이 가능하지요. 이런 방법으로 전자의수를 의도대로 움직일 수가 있습니다.

전자의족의 경우에도 같은 원리로 발목이나 발가락을 움직이는 것이 가능합니다. 하지만 전자의족은 무엇보다 잘 걸을 수 있도록 도와주는 게 더 중요한 부분인데요. 현대의 의족은 인공지능 기술을 이용해 개개인의 보행 패턴을 자동으로 분석해서 모터를 제어함으로써 자연스러운 걸음걸이를 가능하게 할 정도로 발전했습니다.

하지만 아직도 영화 〈어벤저스〉나 〈스타워즈〉에 등장하는 전자의수나 전자의족을 만들기 위해서는 더 많은 연구가 필요합니다. 최근 의공학자들이 집중하고 있는 기술은 전자의수로 물체를 만졌을 때 느껴지는 감각을 우리 뇌로 전달하는 것입니다. 인간의 감각은 온몸에 거미줄처럼 뻗어 있는 신경망을 통해 뇌로 전달이 되는데요. 잘려진 팔의 부위에서 손가락의 감각을 전달하는 신경섬유를 찾아낸 뒤, 그 부위에 전기 자극을 주면 손가락에 전달되는 감각을 뇌로 전달하는 게 가능합니다.

하지만 아직은 거칠거나 부드러운 천을 만질 때, 뜨거운 물체를 만질 때와 같이 다양한 감각을 만들어 내지는 못하고 있는데요. 많은 의공학자들이 이 연구에 뛰어들고 있기 때문에 가까운 미래에는 다양한 감각을 인공적으로 만들어 내는 것이 가능할 것으로 기대합니다.

전자의수나 전자의족의 비싼 가격도 문제인데요. 아무래도 사용자가 많지 않다 보니 소량 주문 생산을 해야 해서 가격이 비싸질 수밖에 없는 실정입니다. 최근에는 이런 문제를 해결하기 위해 3D 프린터를 이용해서 저렴한 의수를 만드는 회사도 생겨났습니다. 저개발 국가나 저소득 장애인들에게는 희소식이 아닐 수 없지요.

교실 밖에서 듣는 바이오메디컬공학

| 콘트롤 랩스에서 발표한 무선 근전도 센서 기기 |

그런가 하면 앞서 살펴본 것처럼 잘려진 팔이나 다리 부위에서 근전도를 측정하지 않고 뇌의 운동영역에서 직접 신호를 읽어내 전자의 수나 전자의족을 제어하는 기술도 개발되고 있는데요. 이런 기술을 뇌-기계 인터페이스Brain-Machine Interface, BMI라 합니다(뇌-기계 인터페이스는 3부에서 더 자세히 다룹니다). BMI 기술은 근전 인터페이스보다 정확도나 속도는 많이 떨어지지만 근전 인터페이스를 쓸 수 없는 사지마비 환자를 위해 반드시 필요한 기술입니다.

뿐만 아니라 최근 들어 장애가 없는 일반인들에게 근전 인터페이스 기술을 적용하려는 시도도 이뤄지고 있습니다. 여러분들도 잘 아는 회사인 페이스북(메타)은 2019년에 콘트롤 랩스Ctrl Labs라는 스타트업 회사를 무려 1조 원에 가까운 큰 돈을 투자해 인수했습니다. 이 회사는 팔에 팔찌처럼 착용할 수 있는 무선 근전도 센서를 개발했는데요. 근전 인터페이스 기술로 서로 다른 손동작을 인식해 증강현실AR이나 가상현실VR 장비를 별도의 컨트롤러 없이 조절할 수 있게 해 줍니다.

한양대학교 연구팀에서도 최근 얼굴에서 측정되는 근전도신호를 이용한 근전 인터페이스 기술을 개발하고 있는데요. 이 기술은 VR 헤드셋을 착용할 때 헤드셋과 피부가 닿는 부위에 전극을 부착해 근전도신호를 읽어 내어 얼굴의 표정을 알아내는 기술입니다. 이 기술을 이용하면 VR 메타버스 공간 내에서 아바타의 얼굴에 실제 자신의 표정을 투영하는 것이 가능하겠지요.

그런가 하면 근전 인터페이스 기술을 이용하면 무음 발화 인식silent speech recognition 시스템이라는 것도 만들 수 있습니다. 전극이 부착된 VR 헤드셋을 착용하면 말을 하지 않고 입을 움직이는 것만으로 근전도신호를 이용해 어떤 말인지 알아낼 수 있는 기술이지요.

이처럼 인공지능 기술이 발전하면서 근전 인터페이스의 성능도 나날이 높아지고 있는데요. 가까운 미래에는 저희가 개발하고 있는 근전 인터페이스 기술을 이용해 심각한 장애를 가진 사람들이 메타버스 공간에서 새로운 삶을 살게 될 수도 있지 않을까 기대해 봅니다.

의공학자들은 다양한 질병을 진단하고 치료하는 기술을 개발하기도 하지만 근전 인터페이스의 사례에서처럼 장애를 가진 사람들이 보통의 사람처럼 살아갈 수 있도록 도와주는 여러 가지 보조 장치와 보철 기술도 개발하고 있습니다. 바이오메디컬공학이 우리 인류의 장애를 완전히 사라지게 할 그날까지 우리 의공학자들은 멈추지 않고 연구에 매진하고자 합니다.

2

세상과 연결해 주는 인공 귀

보청기와 인공와우

우리나라 전자산업의 핵심을 가전제품에서 반도체와 휴대폰으로 바꾼 기업가인 삼성의 故 이건희 회장이 1980년대에 쓴 책에는 다음과 같은 소제목이 있습니다. '이 세상에서 무게당 가장 비싼 전자제품이 무엇인지 아는가?' 80년대의 금 값은 대략 그램당 만 원이었는데, 무게가 4g 정도 되는 첨단 보청기의 가격은 무려 약 400만 원이었습니다. 이 회장은 이 질문을 통해 금보다 100배 비싼 전자제품을 개발해야 한다는 이야기를 한 것이지요.

지금의 보청기는 더 작아지고 더 비싸져 그램당 500만 원 정도의 아주 비싼 의료기기가 되었습니다. 물론 더 비싼 의료기기도 있겠지만, 일반인이 대형마트에서 구매할 수 있는 전자제품 중에서는 보청기가 무게당 가장 비싼 제품임에는 변함이 없습니다.

보청기의 가격은 이렇게 비싸지만, 아이러니하게도 우리가 겪을 수 있는 다양한 질환 중에 가장 환자가 될 확률이 높은 질환 역시 청각장애입니다. 선천적인 청각장애는 3%에 불과하지만 나이가 들어가면서 점점 환자가 많아져서, 65세 이상의 1/3이, 75세 이상의 1/2이 청각장애를 갖게 된다고 하니 말입니다. 그만큼 미래에 보청기를 사용하는 것이 다른 사람의 이야기는 아닐 수 있다는 이야기지요.

우리는 소리를 어떻게 들을까?

이러한 미래에 대한 경각심과 함께, 우리가 너무나 당연하게 여겼던 '청각'이라는 감각에 대해 한번 알아볼까요? 대부분의 사람들이 우리가 어떻게 소리를 듣는지 잘 알지 못하지요. 우리가 소리를 듣는 과정은 매우 복잡하지만, 간단히 정리하자면 이렇습니다. 소리가 뒷바퀴가 있는 외이를 지나 고막을 진동시키고, 이 진동이 중이 안의 이소골, 내이 안의 달팽이관의 유모세포를 지나 청신경에 전달되고 뇌의 청각피질까지 정확히 전달되어야 소리를 들을 수 있습니다.

그런데 이 복잡한 소리의 전달 과정을 담당하는 특정 부분에 손상이 생기면 우리는 소리를 듣지 못하게 됩니다. 오른쪽의 그림처럼 귀에는 많은 기관이 있는 만큼 고막의 손상, 이소골의 파괴, 달팽이관 액

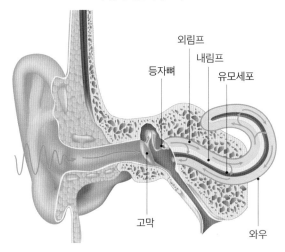

| 청각기관의 구조 |

외림프
내림프
등자뼈
유모세포

고막
와우

체 내의 이온농도 변화, 청세포의 섬모손상, 신경계의 손상 등 청각 손실에는 다양한 원인이 있는데요. 이 중 가장 많은 원인은 소음이나 약물과 같이 다양한 원인에 의한 청세포의 손상입니다.

달팽이관의 한 영역에 있는 청세포가 손상을 받게 되면 특정한 주파수의 소리를 듣지 못하게 됩니다. 젊은 시절 헤드폰으로 큰 소리의 락 음악을 즐겨 듣던 대부분의 사람들은 나이가 들면 고주파 영역의 말을 못 듣게 됩니다. 바이올리니스트는 왼쪽 귀의 청력 손상이 훨씬 더 많다고 하는데요. 이렇게 청세포의 손상은 부분적으로 일어나기 때문에, 손상을 받은 정도만큼 소리의 크기를 키워주는 장치가 필요합니다. 이것이 금보다 비싼 전자제품이었던, 우리가 잘 아는 보청기입니다.

자연산 귀보다 더 잘 듣는 인공 귀

우리의 귀는 저렇게나 복잡한데, 보청기의 구조는 어떻게 되어 있을까요? 보청기는 귀에 비하면 훨씬 간단한 구조로 이루어져 있는데요. 외부의 소리를 듣는 마이크microphone, 소리를 분석하여 원하는 소리로 증폭하는 증폭기amplifier, 소리를 귀에 전달하는 리시버receiver로 구성됩니다.

현재의 보청기는 소리를 디지털신호로 만들어서 주파수별로 분해해 증폭한 후, 실시간으로 이 소리를 다시 합성하는 아주 복잡한 기술이 필요합니다. 복잡한 신호처리를 할 수 있는 초소형 고기능 칩은 첨단의 반도체 기술을 가진 업체만이 만들 수 있어 가격이 매우 비싼 것이지요. 신호를 처리하는 알고리즘(소프트웨어) 또한 엄청난 연구를

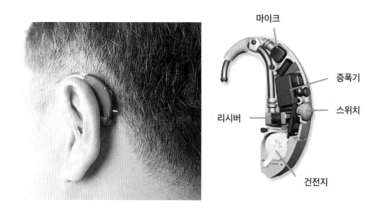

| 보청기의 구조 |

교실 밖에서 듣는 바이오메디컬공학

통해 만들어지기 때문에 고급 보청기는 1,000만 원에 가까운 가격을 가지게 됩니다.

　최근에 판매되는 보청기들은 귓속에 쏙 들어갈 정도로 작고, 각 개인의 손상된 청력을 정확히 보상해줍니다. 뿐만 아니라, 주위의 잡음을 알아서 제거해 주어 사람의 말만을 잘 듣게 하거나, 특정 방향의 사람의 말만을 잘 듣게 하는 기능도 가지고 있습니다. 심지어 정상적인 사람이 듣지 못하는, 특정한 방향에서 발생하는 특정한 소리를 골라서 들을 수 있는 장치로도 사용이 가능할 정도입니다. 경찰 드라마에서 특수한 청각 능력을 갖고 범인을 잡아내는 형사처럼 말이지요.

　요즘에는 일반인들이 사용하는 블루투스 이어셋과 그 형태와 성능이 잘 구분이 안 되는 보청기도 판매되고 있습니다. PSAP^{personal sound amplification product}라고 불리는 제품인데요. 청각 손상이 미약한 사람만 사용할 수 있다는 한계가 있긴 합니다. 일반 보청기는 청각 전문의의 처방에 의해서만 구매할 수 있지만, PSAP는 이어폰을 사듯이 편의점에서 구매해 사용할 수 있는데요. 스마트폰을 통해 특정주파수의 음량을 조절해 주기 때문에 보청기뿐만 아니라 블루투스 이어셋으로도 사용이 가능합니다. 가격 또한 고급 무선 이어폰 정도로 저렴하지요. 하지만 보청기에 비해서 소리를 정밀하게 증폭하지 못한다는 단점이 있어 청각 손상이 미약한 사람만 사용이 가능합니다.

　그런데 특정 주파수를 듣지 못하는 부분적인 청세포의 손상이 아닌, 선천적이거나 후천적인 요인으로 인해 소리의 전달이 전혀 안 되

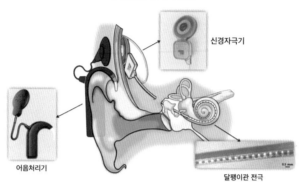

| 인공와우의 구조 |

신경자극기

어음처리기

달팽이관 전극

는 경우도 있지요. 이런 경우에는 인공와우cochlea implant를 시술해야만 소리를 들을 수 있습니다. 인공와우란 소리를 주파수별 크기로 분해하여 20여 개의 전극으로 청신경을 전기적으로 자극하는 인체 이식물입니다. 따라서 인공와우를 시술하기 위해서는 적어도 달팽이관과 청신경이 정상적이어야 합니다.

인공와우의 구조는 보청기에 비해 좀 더 복잡합니다. 위의 그림에서 볼 수 있듯이 귀 근처에서 소리를 수집한 뒤에 주파수별로 분해하여 전기신호로 만드는 전자장치(어음처리기)는 피부 밖에 위치하고, 변환된 전기신호를 이용하여 달팽이관 내의 청신경을 자극하는 전극시스템(신경자극기)은 귀 주위의 피부 밑에 이식하게 됩니다. 그리고 신경자극기에는 달팽이관에 삽입할 전극이 연결되어 있지요. 피부 밖의 부품과 피부 안의 부품은 서로 무선으로 에너지와 정보를 전달하게 되어 있어서 피부를 통한 감염 문제도 걱정할 필요가 없습니다.

인공와우를 통해서 소리를 듣게 되면 우리가 일반적으로 듣는 소리와는 좀 다릅니다. 청신경의 각 부위를 전기적으로 자극해 소리에 해당하는 정보를 뇌에서 인식하게 만들기 때문에 실제로는 전혀 다른 소리를 듣게 되지요. 예를 들어 우리가 '아'라는 소리를 내면 일반적인 귀는 복잡한 소리전달 과정을 거쳐서 '아'라는 소리에 해당하는 수많은 청신경들에 전달되어 소리를 인식합니다. 하지만 인공와우로 소리를 듣게 되면 '아'라는 소리에 담긴 주파수에 해당하는 청신경의 특정 부위를 20여 개의 전극만으로 자극하기 때문에 일반인의 청신경과 동일한 반응을 만들어 낼 수는 없습니다. 하지만 수개월 정도의 훈련을 거치면 우리의 뇌는 이러한 전기자극을 '아'라는 소리로 알아들을 수 있게 되지요.

인공와우는 첨단소재 기술, 미세시스템제작 기술, 신호분석 기술 등 다양한 공학 기술이 융합되어 매우 정교하게 만들어지기 때문에 가격이 수천만 원에 달하는 매우 비싼 의료기기입니다. 하지만 소리를 아예 듣지 못하는 사람이 소리를 들을 수 있게 만들어주는 소중한 장치입니다. 다음 장에서 살펴볼 인공망막은 아직 많은 연구가 필요한 반면에 인공와우는 1980년대부터 보편적으로 시술되고 있는 인공 장기로 이미 많은 청각장애인들에게 도움이 되고 있는 소중한 기술이지요.

요즘은 청신경 등이 손상을 받은 경우에도 소리를 들을 수 있게 만드는 연구가 활발히 진행되고 있습니다. 소리신호를 전기신호로 변화시키는 과정은 인공와우와 비슷하지만, 전기를 자극하는 전극을 뇌간이나 청각피질에 직접 이식하여 소리 정보를 전달하는 것이지요. 앞으로 이러한 인공청각 시스템이 발전하면, 외부를 인식하는 가장 중요한 감각 중 하나인 청각에 어려움이 있는 모든 사람이 소리로 세상과 교류할 날이 올 것이라 생각합니다.

우리가 외부의 정보를 받아들이는 중요한 수단인 시각이나 청각의 손상은 일상 생활에 아주 큰 어려움을 주게 됩니다. 누구나 인공청각이나 인공시각을 이어 폰이나 안경처럼 사용할 수 있다면 어려움을 겪고 있는 사람들의 삶이 보다 편해지지 않을까요?

3

뇌를 통해 세상을 보다

○
○
○

인공망막

어릴 때 앓았던 병으로 시력과 청력을 잃고, 그 장애를 극복한 여성 과학자가 있지요. 우리가 어린 시절 위인전으로 자주 읽었던 헬렌 켈러 Helen Keller입니다. 그녀가 53세에 쓴 수필 〈사흘만 볼 수 있다면〉의 내용 중에는 '내일이면 더는 보지 못할 사람처럼 그렇게, 눈을 사용하십시오. 다른 감각도 그렇게 사용해보세요. … 우리에게 허락된 감각이란 감각 모두를 최대한 발휘하세요. 자연이 마련해 준 여러 수단을 통해 세상이 당신에게 선사하는 모든 아름다움과 즐거움을 만끽하세요. 하지만 나는 이 모든 감각 중에서도 시각이야말로 가장 큰 기쁨을 준다고 믿습니다'라는 구절이 있습니다.

그만큼 헬렌 켈러는 오감 중 시각이 가장 중요한 감각이라고 생각

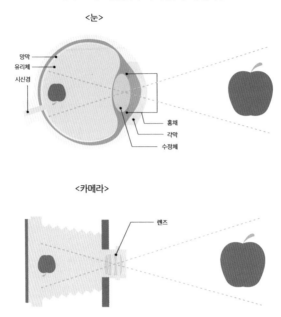

| 구조가 비슷한 우리의 눈과 카메라 |

\<눈\>

망막
유리체
시신경

홍체
각막
수정체

\<카메라\>

렌즈

했음을 알 수 있지요. 실제로 우리는 외부에서 받아들이는 정보 중 70~80% 정도를 시각을 통해 얻는 것으로 알려져 있습니다.

시각정보를 담당하는 기관인 눈의 구조와 기능은 카메라와 유사합니다. 카메라의 렌즈를 통해서 들어온 빛이 필름에 도달하면 상이 맺히듯이, 눈의 각막과 수정체를 통해 들어온 빛은 안구 뒷면에 있는 신경 조직인 망막에 도달하면 상이 맺히게 되지요. 망막의 가장 아래쪽에는 빛을 감지하는 광수용세포가 있는데요. 이들 세포는 빛신호를 신경계가 해석할 수 있는 전기신호로 바꾸어 뇌에 전달함으로써 시각 정보를 인식할 수 있게 합니다.

그런데 우리 눈의 각막이나 수정체나 망막에 이상이 생기면 시각기능의 손실이 생길 수 있습니다. 각막이나 수정체에 의해 시각기능이 손실되면 이식 수술을 통해 치료가 가능하지만, 망막에 이상이 생기게 되면 상황마다 회복 가능성이 달라집니다. 수술로 회복이 가능한 경우도 있지만 치료법이 없는 질환이라면 손상된 망막이 재생되지 않기 때문에 약물치료나 수술을 통해 기능을 되돌릴 수가 없습니다. 이때 시각기능을 되돌릴 수 있는 유일한 방법은 인공시각 기술입니다.

눈이 아닌 뇌로 보다

그런데 이렇게 방법이 없는 상황에서 인공시각이 어떻게 시각기능을 대체할 수 있는 것일까요? 우리 몸에서 실제로 시각정보를 인식하는 곳은 뇌의 '시각피질' 영역이기 때문입니다. 빛의 신호를 전기신호로 바꾸어 주는 망막의 광수용세포를 대신할 시스템을 직접 시신경에 연결하면 눈을 감고도 시각정보를 인식하는 것이 가능한 인공시각 기술이 구현 가능해집니다.

이러한 이론을 바탕으로 인공시각 기술은 오래전부터 연구가 시작되었는데요. 1755년 프랑스 의사 샤를 르 로이Charles Le Roy는 전기자극을 이용해서 시각장애인에게 반짝이는 빛을 인식하게 하는 데 성공합니다. 이후 실명한 환자들을 대상으로 시각피질에 전기자극을 가하

| 샤를 르 로이가 고안한 장치의 구조도 |

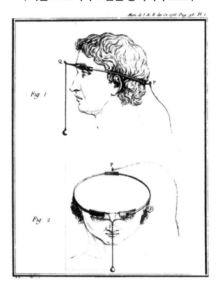

니 여러 차례 불빛이 보였다는 결과까지 발표하지요. 뿐만 아니라 그는 우리 뇌의 시각피질에 망막의 표면에 대칭되는 2차원의 망막지도 retinotopy가 존재한다는 사실까지 밝혀냅니다.

망막지도는 좌우상하가 뒤바뀌어 있어서 망막에 들어오는 빛의 정보가 오른쪽 위인 경우 시각피질의 왼쪽 아래 지점으로 연결됩니다. 1960년대 영국 런던대학교의 생리학자인 자일스 브린들리Giles Skey Brindley는 대뇌 시각피질에 망막지도와 동일한 2차원 배열의 전극판을 삽입해서 시각기능을 회복하려는 시각피질 보철visual cortical prothesis 기술을 최초로 시도했는데요. 이러한 시각피질 보철 기술은 2000년대 초반까지 시도되었지만 장치의 수명이 너무 짧고 실생활에서의 효과가

교실 밖에서 듣는 바이오메디컬공학

기대 이하여서 망막에 전극을 삽입하는 인공망막 기술이 주목을 받게 됐지요.

실제 눈과 같이 되려면

인공망막 기술은 망막에 연결된 신경을 자극해서 시각정보를 뇌로 보내 이를 인식하게 하는 기술입니다. 망막세포변성이나 황반변성 등의 이유로 시각기능을 잃어버린 사람들 중에서 광수용세포는 손상되었지만 내부의 시신경 세포는 정상인 사람들에게 적용이 가능한데요. 망가진 광수용세포를 대신하여 빛 정보를 전기신호로 변환한 뒤에 내부 세포에 전달하면 시각피질로 시각정보를 전달하는 것이 가능합니다.

사실 인공망막의 시작은 1956년 호주의 연구자인 태시커 애드워드 Tassicker Graham Edward가 빛에 민감한 셀레늄 포토다이오드Selenium photodiode를 망막 뒤에 이식해서 빛에 대한 감각을 회복시키는 방법을 특허로 등록하며 시작되었습니다. 하지만 당시 기술로는 사람의 눈 안에 이식할 수 있는 작은 크기의 장치를 만드는 것이 불가능했습니다.

그런데 이후 1977년 미국의 의사 도슨과 라트케Dawson and Radtke가 망막을 전기적으로 자극했을 때에도 시각피질을 전기적으로 자극했을 때와 유사한 효과가 발생하는 현상을 관찰합니다. 이를 시작으로 1980년대 미국의 MEEIMassachusetts Eye and Ear Infirmary-MIT 연구진, 존스홉

킨스시각연구소Johns Hopkins Wilmer Eye Institute 연구진에 의해 망막 전기 자극 인체 실험이 시행되어 인공망막 연구가 빛을 발하게 되었고 결국 2011년에 유럽에서 인체 사용 승인을 받아 상용화에 성공하게 되었습니다.

최신의 인공망막은 소형 카메라, 영상처리 장치, 송신 코일, 수신 코일 그리고 미세전극micro electrode으로 이루어져 있습니다. 소형 카메라는 외부 영상을 실시간으로 촬영하고 영상처리 장치는 획득한 영상을 시신경 세포 자극을 위한 전기신호로 변환시킵니다. 변환된 전기신호는 송신 코일을 통해 망막에 부착된 수신 코일로 무선으로 전송되고 수신 코일은 전달된 전기신호를 망막 내에 삽입된 미세전극으로 전달합니다. 미세전극은 망막에 부착되어 망막 내부에 남아 있는 시신경 세포를 전기적으로 자극하게 되지요.

2011년 유럽의 승인을 받았던 미국의 세컨드사이트Second Sight Medical사가 만든 아르거스IIArgus II라는 제품은 전극 60개(6×10배열)로 이루어진 손톱만한 크기의 2차원 전극을 망막에 삽입하는 형태였고 2년 뒤에는 독일에서 1,520개(38×40배열)로 이루어진 알파-IMS라는 제품이 개발됐습니다. 우리는 TV의 해상도가 화소pixel수에 비례하여 높아진다는 사실을 알고 있지요. 해상도는 사물을 얼마나 선명하게 나타낼 수 있는지를 보여주는 척도라는 것도 알고 있을 겁니다. 그렇다면 인공망막도 이식받는 전극의 수가 많고 간격이 촘촘할수록 회복되는 시력이 높아지게 될까요?

사실은 1,500개가 넘는 전극으로 이뤄진 알파-IMS를 이식받은 사람

교실 밖에서 듣는 바이오메디컬공학

| 아르거스II의 구조도 |

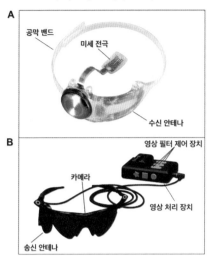

중에서도 10명 중 4명만이 큰 글씨를 겨우 알아보는 수준이었는데요. 이런 사실을 통해 망막에 이식하는 미세전극의 수가 많아지더라도 그 대로 인식을 하지 못한다는 사실이 밝혀졌습니다. 수술비를 포함하여 2억 원이 넘는 수술임에도 불구하고 말이지요. 물론 빛을 인식하고 커다란 사물의 형태 정도만 구별할 수 있는 수준이지만 환자들은 그 정도만으로도 큰 만족을 느낀다고 이야기하고 있습니다. 그만큼 아무것도 보지 못했던 사람에게는 무언가를 본다는 것만으로도 큰 도움이 된 것이지요.

최근 한국과학기술연구원KIST 연구진이 단순히 망막에 삽입되는 전극의 수를 늘리는 방법이 아닌 다른 접근 방법으로 풍부한 시각정보를 표현할 수 있을 수 있다는 연구결과를 발표했습니다. 연구진은 망막질환이 진행되는 과정에서 인공시각의 신경신호 변화를 관찰했는데요. 그 결과 망막질환의 진행 정도가 심각해지면 전기자극에 의해 생성되는 신경신호의 크기나 신경신호의 일관성이 감소하지만 정상적인 망막에서는 동일한 자극에 대해 생겨나는 신경신호가 매우 비슷하다는 결과도 확인했습니다.

이 결과는 망막질환으로 시각을 잃은 환자에게 우수한 인공시각을 만들어주기 위해서는 신경신호의 일관성을 높이는 것이 중요하다는 사실을 알려줍니다. 이러한 장벽을 뛰어 넘을 수만 있다면 보다 정교한 시각정보를 전달할 수 있는 인공망막을 만들어 시각장애인에게 새로운 빛을 선물할 수 있게 되겠지요. 그 옛날 헬렌 켈러의 시각을 회복시킬 수 있는 인공망막 기술이 있었다면 그녀가 더 많은 업적을 남길 수 있지 않았을까 하는 상상을 해봅니다.

외부에서 들어오는 시각정보가 복잡한 만큼 이러한 정보를 받아들이는 시각 기관의 기능도 매우 복잡합니다. 때문에 실제와 같은 시각정보를 전달할 수 있는 인공망막 기술의 개발은 여전히 큰 숙제로 남아 있습니다. 이런 문제를 해결하기 위해 인공망막 외에도 뇌의 시각피질에 전극을 삽입하여 전기적 신호를 직접 전달하는 방식의 인공시각 기술도 활발히 연구되고 있는데요. 이처럼 시각장애를 가진 사람에게 새로운 세상을 보여주기 위해서는 시신경을 포함한 뇌의 구조와 기능을 이해하는 것이 꼭 필요하고, 이를 위해서는 의학과 공학에 대한 폭넓은 이해와 지식을 쌓기 위한 학습과 노력이 필요합니다.

4

몸짓으로 만드는 에너지

○
○
○

생체 내 에너지 하베스팅

영화 〈아이언 맨〉에서 주인공 토니 스타크는 적들의 테러를 당해 몸 속 혈관에 수류탄 파편들이 들어가게 됩니다. 이 파편들이 혈류를 따라 흘러가다 심장에 다다르게 되면 죽게 될 수도 있는 절체절명의 상황에 봉착하게 되지요. 그래서 그는 살아남기 위해 '아크 원자로'라는 에너지 발전기를 만들어 내는데요. 아크 원자로는 강력한 자기장을 생성해 혈관 안의 파편들이 심장으로 가지 않도록 도와줍니다. 토니 스타크의 제2의 심장이 되어준 것이지요. 이후 아크 원자로의 엄청난 에너지는 아이언맨 수트의 동력원으로 쓰이기도 합니다.

토니 스타크의 아크 원자로만큼 많은 에너지를 만들어 내지는 못하지만, 현실에서도 비슷한 역할을 하는 의료기기가 있는데요. 바로 이식형 심장박동기pacemaker입니다. 부정맥과 같은 심장질환을 앓고 있는 사람의 심장을 뛸 수 있게 해 주는 아주 중요한 의료기기이지요.

하지만 이러한 이식형 심장박동기가 가진 단점이 하나 있는데요. 바로 배터리입니다. 이식형 심장박동기를 비롯한 생체 삽입형 의료기기에는 우리가 사용하는 스마트폰처럼 에너지를 공급하기 위해서 리튬이온 배터리가 들어가는데요. 그런데 이식형 심장박동기의 경우, 리튬이온 배터리의 수명이 5~10년 정도여서 시간이 지나면 재수술을 통해 배터리를 교체해줘야 합니다.

자급자족 에너지, '에너지 하베스팅'

이러한 배터리의 단점을 극복하기 위해 최근에는 생체 내에서 전기에너지를 생성할 수 있는 '에너지 하베스팅 기술'이 개발되고 있는데요. 에너지 하베스팅energy harvesting은 주위의 버려지는 빛이나 열, 움직임과 같은 에너지를 태양광, 압전, 열전, 마찰전기 등의 방식으로 끌어 모아 전기에너지를 얻어내는 기술을 의미합니다. 이미 우리 일상에서도 널리 사용되기 시작하는 기술이기도 하지요. 일례로 이스라엘에서는 차들이 도로를 통과할 때마다 발생하는 압력과 진동에너지를 이용해 도로의 신호등과 가로등의 불을 밝히고 있습니다. 이처럼 에너지 하베스팅은 석유나 가스 등의 전통적인 에너지원이 고갈되고 있는 현

교실 밖에서 듣는 바이오메디컬공학

대사회에 꼭 필요한 기술이지요.

자원이 고갈되고 있는 우리 사회처럼 우리의 생체 내부 역시 빛이 들어오지 않고 온도 변화도 크지 않은 제한된 환경입니다. 하지만 몸의 움직임을 비롯해, 체내의 다른 에너지를 이용해 인체 내부에서도 에너지 하베스팅을 할 수 있다면 배터리 교체 수술을 하지 않고도 이식형 의료기기를 사용할 수 있지 않을까요? 그래서 최근 생체 내 에너지 하베스팅 기술에 대한 연구가 활발히 이뤄지고 있습니다.

걷기만 해도 에너지가 만들어진다? : 압전 기술

그렇다면 어떻게 생체 내에서 전기에너지를 만들어 낼 수 있을까요? 이스라엘의 예시에서 차들이 도로를 지날 때 발생하는 압력과 진동으로 전기에너지를 만들어 낼 수 있다고 했는데요. 이러한 기술을 '압전 기술'이라고 합니다. 압전piezoelectricity이란 물질에 압력을 가하거나 형태가 변할 때 전기가 발생하는 현상으로 이러한 특징을 갖는 물질을 '압전 물질piezoelectric material'이라고 합니다. 티탄산 바륨(BaTiO₃), 티탄산 지르콘산 연(PZT)과 같은 물질들이 대표적인 압전 물질이지요.

이러한 압전 물질에 물리적인 힘을 가하면, 물질 내부의 원자 배열이 바뀌면서 전기가 발생합니다. 예를 들어 티탄산 바륨의 경우 원래 입방체 구조의 배열을 가지고 있는데, 압력을 받게 되면 배열이 정방형 구조로 변화하면서 전기 쌍극자가 정렬되어 전기에너지가 발생합니다. 실제로 한 연구에서는 신발 밑창 부분에 전기를 생산하는 압전소자를 부착하자, 사람이 걸을 때 가해지는 압력만으로 휴대폰 배터리를 충전할 수 있을 정도의 전기가 만들어지기도 했습니다.

최근에는 이러한 방식을 생체 내부에 적용하려는 시도가 이뤄지고 있는데요. 압전 소자를 심장과 같이 주기적인 움직임이나 변화가 있는 곳에 부착하면, 그 압력으로 인해 전기가 만들어지는 것입니다. 2010년, 조지아 공대의 종린 왕Zhong Lin Wang 교수팀은 세계 최초로 쥐의 심장에 나노 압전 발전기를 붙여 전기를 얻어내는 데 성공했습니다.

하지만 이 기술을 우리 인체 내에 적용하기에는 아직 조금 더 연구되어야 할 부분들이 있는데요. 압전 발전기에 사용되는 압전 물질은 대부분 납을 포함하고 있기 때문에 인체 내에서 독성을 나타낼 수 있기 때문입니다. 또 심장박동과 같이 생체 내에서 일어나는 움직임을 동력원으로 삼을 수밖에 없어서 주기성이 일정하지 않을 수 있고, 정상적인 심장박동에 영향을 줄 가능성도 남아 있습니다. 그래서 다른 방식들도 많이 연구되고 있지요.

정전기로부터 아이디어를 얻다 : 마찰전기 기술

겨울철이 되면 건조한 환경 때문에 코트를 입다가도 정전기가 종종 발생하지요. 이런 마찰전기를 이용해 생체 내에서 에너지를 얻는 기술도 개발 중입니다. 그런데 마찰전기는 왜 생겨나는 것일까요? 바로 모직 코트나 손가락처럼 서로 다른 두 물질을 마찰시킬 때 두 물질 사이에서 전자의 이동이 일어나기 때문입니다. 모직 코트에 있는 전자가 우리 손가락 안으로 이동하면서 모직코트는 (+)로, 손가락은 (-)로 대전되기 때문에 전기에너지가 생겨나게 되는 것이지요.

이러한 원리를 우리 생체 내에 적용해 보면 이렇습니다. 우리 몸에서 움직임이 발생하는 곳에 마찰전기 현상을 잘 일으키는 물질들을 놓아서 걸음을 걷거나 숨을 쉴 때 이 물질들이 서로 만나서 전기를 만들어 내게 하는 것입니다. 마찰전기를 일으키는 물질을 큰 면적으로 만들어서 마찰되는 부분을 넓게 만든다면 만들어지는 전기의 양도 상당할 것이기 때문에 압전 기술에 비해 상용화될 가능성이 더 높다고 평가받고 있습니다.

하지만 마찰전기 기술을 이용한 생체 내 에너지 하베스팅 기술도 아직 해결해야 할 숙제들이 있습니다. 잘 알다시피 우리 인체는 70% 가까이가 물로 이루어져 있지요. 그런데 이렇게 수분이 가득한 환경에서는 전자의 이동이 잘 일어나지 않기 때문에 마찰전기가 생성되기 어렵습니다. 또 우리 인체 내에서는 물질들이 마찰하는 속도가 빠르지 않아서 많은 발전량을 얻기 힘들다는 문제도 있지요.

우리 몸속 포도당 배터리 : 생체연료전지 기술

앞에서 다룬 두 가지 에너지 하베스팅 기술들은 인체의 움직임과 같은 물리적인 에너지를 이용해 전기에너지를 만들어 내는 방법입니다. 하지만 물리적인 힘이 부족할 경우에는 발전 성능이 낮아질 수 있고, 독성이 있는 압전 물질을 생체 내에 삽입해야 하는 등 안정성과 안전성에 대한 숙제를 가지고 있었지요.

그래서 연구되고 있는 기술이 '화학적 에너지'를 이용한 에너지 하베스팅입니다. 바로 '생체연료전지'라고 불리는 기술이지요. '전지'라는 이름에서 알 수 있듯이 우리 몸 안에 일종의 배터리를 심어 넣는 것입니다. 하지만 우리가 시계에 집어넣는 전지처럼 아연, 망간 등의 금속에서 에너지를 얻는 것이 아니라 우리 몸 안의 '포도당'이 전지의 에너지원이 되는 것이지요.

생체연료전지는 전기를 생산하기 위해서 포도당이나 젖당처럼 생물이 살아가기 위해 에너지를 얻는 에너지원을 그대로 사용합니다. 오른쪽의 그림을 함께 살펴볼까요? '애노드anode'라고 적힌 금속 전극이 하나 있지요. 이 전극에는 포도당 효소와 같은 생체 효소가 부착되어 있습니다. 우리 몸속 포도당(그림에서 글루코오스)과 이 효소(그림에서 글루코오스 옥시다아제)가 촉매 반응을 일으키면 전기가 생겨나게 되는 것이지요. 생체연료전지는 이렇게 혈액이나 다른 체액 속에 존재하는 포도당을 연료로 사용하기 때문에 생체 내에서 전기에너지를

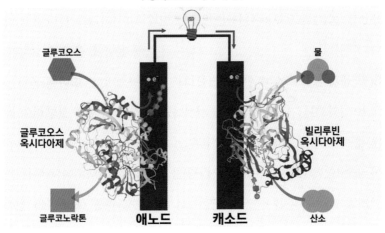

| 생체연료전지의 예시 |

얻는 에너지 하베스팅 방법 중에서 가장 안정적으로 에너지원을 제공
받을 수 있습니다. 또 압전 소자와 같은 금속 물질 대신에 포도당 효
소와 같은 생체 효소를 촉매로 사용하기 때문에 우리 인체에 가장 안
전한 기술이기도 하지요.

토끼나 갑각류와 같은 다양한 동물을 대상으로 한 연구를 통해 체
내에서 생체연료전지를 이용해 충분한 양의 전기를 얻을 수 있다는
사실이 밝혀지기도 했는데요. 하지만 생체연료전지 역시도 전극구조
가 평판형인 데다 생체 효소의 안정성이 낮기 때문에 인체 내에 이식
할 수 있을 정도로 크기를 줄이기가 어렵다는 한계가 있었습니다.

그런데 2014년 한양대학교 연구팀이 탄소나노튜브를 이용한 고성
능 생체연료전지를 개발해 이러한 문제를 해결할 수 있는 가능성을
선보였습니다. 이 연구결과는 세계적인 학술지인『네이처 커뮤니케이

선즈』에 발표되기도 했는데요. 탄소나노튜브는 탄소로 만들어진 아주 작은 크기의 튜브로, 튼튼하면서도 유연할 뿐만 아니라 만들기도 비교적 쉽습니다. 연구팀은 이 탄소나노튜브의 표면에 생체 효소를 고정한 다음에 전극을 유연한 실 형태로 만들었습니다. 평판형태의 전극을 사용하는 기존의 생체연료전지와는 달리 전극이 실 형태이기 때문에 생체 내에 들어가기에 적당한 크기로 만들 수가 있지요. 이뿐만 아니라 탄소나노튜브는 높은 전기전도성을 가지기 때문에 생체 효소에서 만들어지는 전자를 잘 전달해서 전력 생산량을 높일 수가 있습니다. 또 화학적으로도 안정한 특성을 가지고 있어서 생체 내에서 안정성이 높다는 것도 빼놓을 수 없겠네요.

이처럼 실 모양으로 만들어진 생체연료전지는 체내에 삽입하는 의료기기뿐만 아니라 나노 로봇에도 안정적으로 전력을 제공할 수 있을 것으로 기대되고 있는데요. 실 형태의 연료전지를 가공하면 내장 기관의 진단이나 치료를 위해 삽입하는 카테터*나 혈류 개선을 위해 쓰이는 스텐트**와 같은 의료용 기구로 만들 수도 있어서 새로운 개념의 의료기기의 등장을 기대해 볼 수도 있겠습니다.

---

* 카테터catheter는 의료용 소재를 이용해서 만든 얇은 관을 의미합니다.

** 스텐트stent는 혈관이나 위장관과 같이 체액이 흐르는 관 부위가 좁아지거나 막혀서 체액의 흐름이 원활하지 않을 때 이 부위에 삽입해서 체액의 흐름을 정상으로 만들어주는 원통형의 의료용 재료를 가리킵니다.

작지만 강한 힘, 트위스트론

이처럼 탄소나노튜브는 생체 내에서 안정성이 높고 작은 크기로 만들 수 있다는 장점을 가지고 있어서 이를 활용한 에너지 하베스팅 연구가 활발히 이루어지고 있는데요. 최근 들어 생체 효소 없이도 실 형태로 만들어진 탄소나노튜브만을 이용해서 전기에너지를 만들어 내는 기술이 등장했습니다. '트위스트론twistron'이라고 불리는 기술입니다.

트위스트론 기술은 한양대학교 연구팀을 중심으로 조직된 국제 공동연구팀으로부터 시작됐습니다. 국제 공동연구팀은 2017년에 세계적인 국제 학술지 『사이언스』에 '전기를 생산하는 탄소나노튜브 실'이라는 제목의 논문을 발표했는데요. 고무밴드를 심하게 꼬아서 만든 코일 스프링 모양의 탄소나노튜브 실을 전해질*** 안에서 잡아당길 때 전기가 발생하는 현상을 최초로 발견한 것이지요.

그런데 놀랍게도 이렇게 탄소나노튜브를 꼬아서 만든 용수철 모양의 실을 잡아당길 때 발생하는 전기의 양이 어마어마했습니다. 초당 30회 정도의 속도로 실을 잡아당겼다 놓았다를 반복할 때 만들어지는 전기의 양이 킬로그램당 250 와트 수준이었는데요. 이는 태양광 패널한 개와 맞먹는 수준의 엄청난 전기에너지입니다.

그런데 탄소나노튜브 실은 어떻게 전기에너지를 만들어 낼까요? 그

*** 용액 안에서 이온으로 쪼개져 전하를 운반하는 물질입니다.

원리는 간단합니다. 신축성이 높은 실을 잡아당기면 실의 밀도가 증가하면서 부피는 줄어들게 됩니다. 그러면 실의 표면에 있던 이온이 밖으로 밀려나게 되지요. 이온은 전하를 띠고 있는 물질이기 때문에 이온이 실 밖으로 밀려나면 이온이 가진 전하와 반대 극성을 가진 전하가 실의 표면에 생겨나게 됩니다. 결과적으로 실 내부에도 전하가 모이게 되는 것이지요. 이때 실에 저항을 달아서 전기가 흐를 수 있도록 길을 터 주면 실에 저장된 전기에너지를 뽑아낼 수가 있습니다.

트위스트론은 전해질 안에 들어가야지만 실 표면에 이온이 생겨나서 전기에너지를 만들어 낼 수 있는데요. 연구팀은 바닷속에서 파도에 의해 트위스트론의 형태가 변하는 현상을 이용해 전기에너지를 수확할 수 있다는 것을 보여주기도 했습니다. 우리 몸 안의 혈액이나 체액과 같은 생체 내 환경도 바닷물처럼 다량의 이온을 보유한 전해질이기 때문에 트위스트론을 우리 몸속에 넣으면 우리 몸의 작은 움직임만으로도 큰 전기에너지를 수확할 수 있을 것으로 예상되고 있습니다.

이렇듯 전기를 만들어 내는 탄소나노튜브 실은 생체 내에서 쓰이기에 가장 적합한 에너지 하베스팅 기술로 평가받고 있는데요. 다만 아직은 탄소나노튜브의 단가가 너무 비싸다는 것이 상용화에 있어 걸림돌로 남아 있습니다. 향후에 저렴하게 탄소나노튜브를 생산하는 기술만 개발된다면 체내에 삽입하는 다양한 의료기기에 적용되어 배터리 없이도 반영구적으로 사용이 가능한 새로운 의료기기를 만들어 낼 수 있을 것으로 기대됩니다.

지금까지 살펴본 기술들 이외에도 체액의 농도 차이를 이용해 발전하는 염도차 발전, 몸 밖의 온도와 몸 안의 온도 차이를 이용한 열전에너지 하베스팅 등 다양한 기술들이 연구되고 있습니다. 앞으로 계속된 연구를 통해 미래에는 에너지 하베스팅 기술이 우리에게 더 나은 삶의 질을 선사해주기를 기대해 봅니다.

'트위스트론' 실은 생체 내 장기의 움직임을 감지하는 센서로도 쓰일 수 있을 것으로 기대되는데요. 실이 수축하고 이완할 때 발생하는 전기에너지의 양은 수축이나 이완하는 정도에 정확하게 비례하기 때문입니다. 트위스트론 실을 심장이나 위장처럼 우리 몸 안에서 부피가 변하는 장기에 부착하면 장기의 움직임을 측정할 수 있겠지요.

이처럼 '자가발전' 시스템으로 다양하게 활용이 가능한 트위스트론 기술, 이 기술을 활용한다면 미래에는 충전할 필요가 없는 스마트기기가 나올 수도 있지 않을까요?

5

로봇이 벌크업을 하면
어떻게 될까?

○
○
○

인공근육

미국의 로봇 제조사인 보스턴 다이나믹스^{Boston Dynamics}는 2013년 로봇 '아틀라스^{ATLAS}'를 발표하며 세간에 충격을 안겨주었습니다. 기존의 휴머노이드 로봇들과는 달리 균형 잡힌 보행 능력을 갖춘 것은 물론, 춤을 추거나 공중제비를 돌 수 있는 등 사람과 비슷한 역동적인 움직임이 가능했기 때문이지요. 2020년 12월 30일에는 유튜브에 신년맞이 동영상이 공개됐는데요. 공개된 동영상에는 미국의 팝 그룹 '더 컨투어스^{The Contours}'의 곡 〈Do you love me?〉에 맞춰 보스턴 다이나믹스의 로봇들이 춤을 추는 모습이 담겨 있었습니다.

이렇게 보스턴 다이나믹스의 '아틀라스'나 혼다의 '아시모^{ASIMO}'와 같은 휴머노이드 로봇 기술의 발전은 '외골격 로봇'의 개발에 큰 도움을

주고 있습니다. 외골격 로봇exoskeleton robot은 로봇 팔이나 로봇 다리를 사람에게 장착해 근력을 높여주는 장치로, 주로 입는 형태로 제작되기에 웨어러블 로봇wearable robot이라고도 불립니다. 외골격 로봇은 사람이 들기 힘든 무거운 짐을 옮기는 데 도움을 주거나, 걷지 못하는 환자들의 보행을 돕는 목적으로 주로 개발되고 있지요.

미국 캘리포니아 공과대학에서는 척추손상이나 뇌졸중으로 인해 걷는 것이 어려운 환자들을 위해 롬 이니셔티브RoAM initiative라는 이름의 외골격 로봇 프로젝트를 진행하고 있습니다. 다리에 입을 수 있는 형태로 제작되는 이 외골격 로봇은 하반신이 마비된 사람이 걸을 수 있도록 도와줍니다. 우리나라의 현대자동차에서도 2020년 '벡스VEX'라는 산업용 외골격 로봇을 개발했는데요. 벡스는 자동차 생산라인에서 장시간 동안 위를 보고 일하는 상향 작업 근로자들을 보조하는 외골격 로봇입니다. 인체의 어깨 관절 구조를 모사한 멀티링크* 구조의 근력 보상 장치를 통해 실제 어깨의 움직임처럼 높은 자유도와 근력 성능을 보여주었지요.

'벡스'의 근력보상장치처럼 인체의 구조와 기능을 모방하여 제작된 외골격 로봇은 기존의 모터나 기구를 이용한 로봇에 비해 훨씬 높은 성능을 보여줍니다. 하지만 딱딱한 금속성인 데다 부피가 큰 외골격 로봇들은 아직 우리의 몸을 보완하거나 대체하기에는 이질적이고 부족한 면이 있지요. 그래서 최근에는 딱딱하고 부피가 큰 전동 모터를 대신해 사람의 근육을 모방한 '인공근육' 기술이 연구되고 있습니다.

인공근육은 어떻게 인체와 비슷한 느낌을 낼까

인공근육은 주로 고무와 같이 부드러운 물질로 구성되어 있는데요. 이 물질들은 전기나 열, 온도와 같은 다양한 외부 자극에 반응합니다. 이런 재료로 만들어진 인공근육이 외부 자극에 반응해서 수축, 팽창하거나 회전하는 모습은 인간의 움직임과 비슷하게 느껴지지요.

이렇게 인간의 움직임을 닮은 인공근육의 재료로 많이 사용되고 있는 '부드러운 물질' 중 하나는 하이드로젤Hydrogel입니다. 하이드로젤이

---

* 멀티링크 구조란 다수의 연결부위를 갖는 구조를 말합니다.

교실 밖에서 듣는 바이오메디컬공학

라는 물질에 대해 한 번쯤 들어본 분들도 있으실 텐데요. 이 물질은 우리 일상에서 기저귀, 콘텍트렌즈, 가슴 보형물, 화상치료밴드 등 다양한 분야에서 이미 사용되고 있습니다. 이렇게 인체와 접촉하는 제품에 사용될 정도로 하이드로젤은 인체에 무해한데요. 내부에 물을 많이 함유하고 있는 친수성 고분자 물질이기 때문입니다. 무엇보다도 힘줄이나 뼈, 인대와 같은 연부 조직soft tissue과 물리적인 특성이 가장 비슷한 물질이어서 인공근육으로 개발하기 위해 가장 많이 연구가 진행되고 있지요.

하이드로젤 인공근육은 주로 굽힘 운동이 가능한 부분에 적용하기 위해서 개발되고 있습니다. 온도나 산성도의 변화에 따라서 그 부피가 팽창하는 정도가 달라지는 특성을 가지고 있기 때문인데요. 하이드로젤의 부피 변화 정도를 조절하면 사람의 팔에서 이두박근이 수축하고 삼두박근이 이완하면서 팔이 안쪽으로 굽혀지는 것처럼 굽힘 운동을 하는 인공근육을 만들어 낼 수가 있습니다.

2016년도에는 포도당의 유무에 반응해서 움직이는 하이드로젤 인공근육이 개발되기도 했는데요. 이 인공근육은 마치 사람의 근육이 포도당에서 에너지를 얻어 움직이는 것처럼 포도당이 주입되면 움직이게 됩니다. 하이드로젤 인공근육 내부에 있는 보론산이 포도당을 만나 열이 발생하면 이 열로 인해 하이드로젤이 팽창하면서 움직임을 만들어 내는 것이지요.

하지만 여러 가지 장점을 가진 하이드로젤 인공근육도 아직 상용화를 위해서는 풀어야 할 숙제가 있는데요. 물리적 강도가 약하고 반응 속도가 느리다는 단점 때문입니다. 하이드로젤은 물을 머금고 있기 때문에 충격이나 변화를 줄 경우에 쉽게 부스러지는 속성이 있습니다. 그래서 생체 내에서 무거운 무게를 견디지 못하고 찢어질 수 있지요. 또 하이드로젤은 사람의 근육과 달리 열에 반응해서 움직이는 특성을 가지고 있기 때문에 반응 속도가 느립니다.

그래서 하이드로젤 외에도 유연하고 튼튼한, 그리고 인체와 비슷한 인공근육을 만들기 위해 다른 여러 가지 재료들이 연구되고 있는데요. 앞서 에너지 하베스팅 편에서 탄소나노튜브라는 물질에 대해 살펴보았었지요. 에너지 하베스팅을 위해 사용되는 탄소나노튜브가 인공근육을 만들기 위해서도 쓰여질 수 있답니다.

생체모방형 인공근육, 탄소나노튜브

탄소나노튜브는 철보다 100배 강한 강도, 알루미늄보다 3배 가벼운 무게, 구리와 비슷한 높은 전기전도도, 다이아몬드와 비슷한 높은 열전도도를 가지는 초고성능의 물질입니다. 한마디로 슈퍼 물질이라고 부를 수 있을 정도이지요. 또 탄소나노튜브는 그 이름에서 알 수 있듯이 직경이 10 나노미터(대략 머리카락 직경의 6천 분의 1)이고 길이는 수백 나노미터에서 수 마이크로미터인 아주 작은 원통형 튜브입니다.

나노 사이즈의 탄소나노튜브를 수천, 수만 개를 모은 다음에 다발로 엮어주면 탄소나노튜브로 이루어진 실을 만들 수 있습니다.

이렇게 만들어진 탄소나노튜브 실은 사람의 근육 구조와도 아주 비슷한데요. 다음 페이지의 그림처럼 사람의 근육은 여러 개의 근섬유가 모여 다발을 형성하고 있고, 각각의 근섬유에는 근세포들이 연결되어 있습니다. 근세포 하나하나의 움직임은 연결된 근섬유 가닥으로 전달되면서 증폭이 되고, 이 근섬유들이 모여 있는 근육은 큰 힘을 낼 수 있게 되지요. 탄소나노튜브로 만든 인공근육도 전기나 습도의 변화와 같이 외부 환경에 변화를 주면, 작은 탄소나노튜브 하나하나의 반응이 더해져서 전체적으로 큰 힘과 움직임을 만들어 낼 수 있습니다.

이렇게 생체 근육과 구조가 비슷한 탄소나노튜브 실을 만들기 위해 앞서 소개한 한양대학교 국제공동연구팀이 연구에 착수했습니다. 연구팀은 수천, 수만 개의 탄소나노튜브 다발로 이뤄진 실을 이온을 함유하고 있는 용액에 넣고 전기를 걸어줬는데요. 그러자 탄소나노튜브 각각의 부피가 증가해 실의 꼬임이 풀리면서 모터와 같이 빠른 속도로 탄소나노튜브 실이 회전하는 현상을 관찰할 수 있었습니다. 이는 생체가 근육을 수축하는 방식과도 매우 유사한데요. 텍사스 주립대학교의 레이 바우만Ray Baughman 교수는 탄소나노튜브 기술을 활용한 인공근육에 대해 극찬하며 이렇게 이야기했지요.

"자연이 문제를 해결하는 방식을 모방해서 우리의 기술을 발전시킬 수 있습니다. 우리 몸이 일을 하기 위해서는 우리 몸의 근육이 수축해

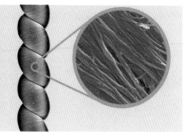

야 합니다. 다른 동물의 경우도 마찬가지인데, 예를 들어 문어 다리나 코끼리 코의 근육도 수축합니다. 그런데 문어 다리나 코끼리 코의 근육은 나선형으로 감겨 있어서 수축할 때 다리나 코가 회전합니다. 실제로 코끼리 코는 수축할 때 코가 한 바퀴 회전하지요. 우리는 나노기술을 이용해서 문어 다리나 코끼리 코의 근육보다 단위 길이당 1,000배나 더 많이 회전할 수 있는 인공근육을 개발하는 데 성공했습니다."

바우만 교수의 말처럼 연구팀이 개발한 탄소나노튜브 인공근육은 문어 다리나 코끼리 코보다 훨씬 더 많이 회전할 수 있었습니다. 하지만 인공근육의 길이 방향(축 방향)으로 수축, 이완하는 양은 1% 정도밖에 되지 않아서 아직 사람 근육의 움직임에는 많이 미치지 못했지요.

연구팀은 이 작은 움직임을 크게 만들기 위해 탄소나노튜브 실을 더욱 꼬아서 용수철 코일과 같은 모양으로 만들었습니다. 앞서 에너지 하베스팅 편에서 보았던 것처럼, 코일 모양의 탄소나노튜브 실에 전기를 걸어주거나 습도, 온도에 변화를 주면 탄소나노튜브 다발 사이의 거리가 멀어지면서 꼬임이 풀어지게 됩니다. 용수철 코일 형태

교실 밖에서 듣는 바이오메디컬공학

의 실은 실의 풀림이 길이 방향의 움직임으로 전환되기 때문에 기존에 만들었던 탄소나노튜브 실의 움직임보다 훨씬 더 큰 움직임을 만들어 낼 수 있었습니다.

이렇게 만들어진 코일 형태의 탄소나노튜브 인공근육은 처음 길이 대비 최대 25%까지 수축이 가능했는데요. 이 정도의 움직임은 사람의 근육이 최대로 수축할 수 있는 정도와 비슷한 수준입니다. 그러면서도 탄소나노튜브의 높은 강도와 가벼운 무게 덕분에 사람의 근육에 비해 무려 40배 이상의 힘으로 무거운 물체를 들 수 있었지요. 탄소나노튜브 실을 머리를 땋듯이 더욱 꼬아 코일 형태로 만드는 것만으로도 인공근육의 성능이 크게 향상된다니 놀라운 일입니다. 연구는 계속해서 발전을 거듭하여, 최근 발표된 실 모양의 인공근육은 무려 터보엔진의 6배가 넘는 출력 성능을 보였습니다. 미래에는 인공근육이 단순히 근육이 손상된 사람의 근육을 대체하거나 근력을 보조해주는 정도에 머무르지 않고 SF 영화에 등장하는 슈퍼 히어로처럼 강력한 힘을 내게 해 줄 수도 있을 것입니다.

이처럼 탄소나노튜브를 비롯한 다양한 재료의 인공근육들이 계속해서 개발되고 있습니다. 하지만 실제로 인공근육이 전기모터를 대체하고 로봇이나 재활 보조기 등의 산업에 응용되려면 그 효율과 수명이 큰 폭으로 개선될 필요가 있습니다. 앞으로 이런 단점을 개선해서 영화 〈빅 히어로〉에 등장하는 '베이맥스'처럼 사람의 피부와 비슷한 촉감을 가진 로봇이나 현재의 로봇들보다 훨씬 더 큰 힘을 낼 수 있는 로봇이 만들어지고, 더 나아가서 사람의 근육을 완벽히 대체할 수 있는 인공근육이 개발되기를 기대해 봅니다.

인공근육 기술은 근육의 손상으로 인해 근육의 대체가 필요한 환자들에게 가장 필요한 기술이겠지요. 하지만 앞서 살펴본 것처럼 인공근육은 무거운 것을 드는 것을 도와주는 외골격 로봇이나 큰 힘을 내는 휴머노이드 로봇을 만드는 데도 사용될 수 있습니다. 그렇게 된다면 택배, 돌봄 노동과 같이 신체적으로 노동 강도가 높은 산업군에서 근로자들의 작업환경을 개선하기 위해 사용될 수 있겠지요. 군사용으로 응용된다면 전장에서 병사들의 힘을 아껴서 전투력을 높여줄 수도 있을 것입니다. 뿐만 아니라 탄소나노튜브는 실 형태로 만들 수 있기 때문에 패션과 같은 새로운 분야에 접목해서 신산업을 만들어 낼 수 있을 것으로도 기대됩니다.

3부

뇌 치료에서 인공두뇌까지, 뇌공학

1

머릿속의 페이스메이커

뇌심부자극술

최근 들어 할로윈Halloween 행사가 국내에서 많은 인기를 얻고 있습니다. 10월이면 상점에서 할로윈 관련 굿즈나 상품들을 내놓는 일도 많고, 할로윈 파티가 열리는 주말의 이태원이나 홍대 등의 번화가는 사람으로 인산인해를 이루지요. 코로나19가 여전한 2021년에도 이태원은 각기 다른 모습으로 분장한 사람들이 가득 차 있었으니, 최근 젊은 층이 가진 할로윈에 대한 관심과 열망이 대단한 듯합니다.

정작 북미에서는 할로윈이 어린 아이들의 행사라는 느낌이 강한데요. 이때 아이들에게 뱀파이어나 해골 등의 코스프레를 자주 해주곤 합니다. 그리고 이런 코스프레에 빠지지 않는 괴물이 하나 있으니, 바로 프랑켄슈타인(더 정확히는 프랑켄슈타인의 괴물)이 그것입니다.*

교실 밖에서 듣는 바이오메디컬공학

| 영화와 삽화로 묘사된 프랑켄슈타인의 괴물 |

우리가 흔히 아는 프랑켄슈타인은 녹색 얼굴에 목 뒤나 관자놀이에 커다란 못 같은 것이 박혀 있는 모습인데요, 사실 이 프랑켄슈타인은 유니버설 픽처스에서 만든 1931년작 〈프랑켄슈타인〉이라는 영화에서 만들어진 모습입니다. 원작 소설의 저자인 메리 셸리^{Mary Shelley}의 1818년도 책에서 빅터 프랑켄슈타인이 만든 '괴물'은 삽화 상으로 보면 못생기기는 했지만 보통의 인간 모습과 크게 달라 보이지 않습니다.

그런데 1931년의 영화 〈프랑켄슈타인〉에서는 왜 괴물이 못을 목 뒤에 달고 있었을까요? 이것은 소설 『프랑켄슈타인』에서 괴물이 어떻게 탄생했는지를 읽고 감독이 영감을 받아 만든 장치인 듯합니다. 메

---

* 사실 뱀파이어와 프랑켄슈타인은 굉장히 밀접한 관계가 있습니다. 이 두 괴물은 함께 스위스의 제네바 호수로 여행을 하며 무서운 이야기 짓기 놀이에 참가했던 두 작가, 존 윌리엄 폴리도리와 메리 셸리가 바이런^{Lord Byron}의 이야기들에 영감을 받아 창작된 괴물들이기 때문이지요.

리 셸리가 제네바 호수로 여행을 갔던 19세기 초에는 갈바니Luigi Galvani가 주장한 동물전기 이론, 혹은 '갈바니즘Galvanism'이라고 불리는 사상이 유행했는데요. 갈바니는 동물의 몸속에는 전기가 들어있기 때문에 특정한 조건만 만족된다면 체내에 있던 전기를 이용해 동물이 움직일 수 있고 이를 통해 죽은 사람을 다시 살릴 수도 있을 것이라 주장했다고 합니다.

이후 갈바니의 조카인 알디니Giovanni Aldini는 강력한 전기를 시체에 흘려보내는 소위 '죽은 사람 되살리기' 실험을 실제로 하기도 합니다. 갈바니즘에 영향을 받은 메리 셸리는 천재 과학자인 빅터 프랑켄슈타인이 죽은 시체에 전기를 흘려보내 새로운 창조물을 만들어 내는 데 성공한다는 스토리로 소설을 쓰게 되지요.

사람을 살리는 전기

갈바니의 주장은 결국 틀린 것으로 증명되었지만, 갈바니의 주장을 반박하는 과정에서 볼타Alessandro Volta가 전지를 만드는 데 성공하기도 하고, 『프랑켄슈타인』과 같은 명작에 영감을 주기도 하였으니 갈바니 역시도 역사에 큰 획을 그은 사람임에는 틀림없습니다. 특히 신경계 내에서 전기를 만들어 내는 뉴런이 발견됐으니 갈바니의 말이 아주 틀리지만은 않았다고 할 수도 있겠네요. 물론 못을 박은 시체에 아무리 전기충격을 가한다고 하더라도 죽은 이가 되살아오지는 않겠지만 말입니다.

프랑켄슈타인의 목에 박힌 못은 이처럼 전기충격을 받아 살아난 '괴물'을 상징하는 장치로 만들어졌습니다. 그런데 못은 아니지만 현대를 사는 몇몇 사람들의 몸속에도 사람을 살려 내는 전기충격 기계가 자리잡고 있는데요. 예를 들어 이식형 제세동기 같은 것이 그것이지요. 이식형 제세동기는 몸속에 자리하고 있다가 이것을 달고 있는 사람의 심장박동에 심한 문제가 생기면 전기자극(전기충격)으로 심장 근육을 수축시켜 박동을 조절해주는 역할을 합니다.

영국 프리미어리그의 토트넘에서 손흥민과 함께 뛰기도 했던 덴마크의 크리스티안 에릭센은 2021년 6월에 열린 유로 2020 개막전에서 갑작스런 심정지로 쓰러졌다가 응급처치를 받고 살아났습니다. 이후 에릭센은 몸속에 이식형 제세동기를 이식하고 건강을 되찾았지요. 이처럼 전기충격은 죽은 사람을 살리지는 못하지만, 아픈 사람을 치료하는 데에는 충분히 도움이 될 수 있습니다.

심장에 전기충격을 가한다는 아이디어는 이미 1930년대부터 실현됐지만, 1990년대 이후로는 또 다른 인체의 중요한 부위에 전기충격을 가하는 방법이 개발됐습니다. 바로 뇌입니다. 이처럼 뇌 안에 전극을 이식해서 전기충격을 주는 방법을 뇌심부자극술^{Deep Brain Stimulation}이라고 합니다. 뇌심부자극술은 뇌 속에 깊게 자리한 중요한 특정 영역에 주기적으로 전기자극을 함으로써 퇴행성 뇌질환인 파킨슨병이나 전증tremor(떨림), 만성 통증 등을 치료하는 기능적 뇌수술법Functional Neurosurgery입니다. 기능적 뇌수술법이라고 한 이유는 대부분의 뇌수술이 종양을 없애는 제거 수술이어서 수술 후 원래 상태로 복구하는 것이 불가능한 반면에 뇌심부자극술의 경우에는 전기자극을 'Off' 상태로 끄게 되면 기능적으로는 원래 상태로 복구가 가능하기 때문입니다.

뇌에는 어떻게 전기를 흘려보낼까?

뇌에 전기자극을 가해 주기 위해서는 가늘고 긴 전극(전기가 흐르는 통로)과 전기자극 발생기(전기를 만드는 기계), 그리고 이들을 연결해 주는 연결선으로 구성된 뇌심부자극기를 머릿속에 삽입하면 됩니다. 어찌 보면 간단하게 느껴질 수도 있겠습니다. 하지만 뇌는 신체의 운동, 감각에서부터 판단, 언어에 이르기까지 다양한 기능을 담당하여 그 구조가 상당히 복잡하기 때문에 전극을 뇌 속 깊이 위치한 원하는 곳에 정확히 삽입하는 것이 쉬운 일이 아닙니다. 따라서 뇌심부자극술의 발전은 두개골 내의 해부학적 위치를 볼 수 있는 뇌영상기술과 전극 삽입 시 가이드역할을 할 수 있는 뇌정위Stereotactic 기술의 발전과 함께 해왔습니다.

오른쪽 사진으로 보는 뇌정위고정장치는 얼핏 보면 기괴하다는 생각도 듭니다. 그러나 이 장치가 하는 일에 대해서 살펴보고 나면 이

교실 밖에서 듣는 바이오메디컬공학

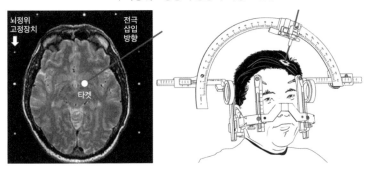

| 뇌정위고정장치 영상과 착용 모습 |

장치가 왜 이렇게 생겼는지를 이해할 수 있을 것입니다. 뇌정위란 '뇌의 올바른 위치', 즉 뇌심부자극술의 대상이 되는 부위를 정확하게 확인하는 것을 뜻합니다. 따라서 뇌정위고정장치는 일종의 눈금자ruler가 있는 사각틀 형태로 만들어지는 것입니다. 이 장치를 통해 머리를 단단히 고정한 채 MRI 등의 뇌영상을 촬영하게 되면, 환자의 뇌영상에는 선명한 뇌구조와 함께 뇌정위고정장치도 함께 나타납니다. 때문에 고정장치를 기준으로 하여 두개골 내에 숨겨진 목표 지점을 확실히 포착하고, 정해진 위치에 정확하게 전극을 삽입할 수 있게 되는 것입니다. 머리를 단단하게 고정하는 것이 왜 중요한지, 왜 기계가 이런 모습으로 생겼는지를 알 수 있는 부분입니다.

수술이 끝나면 정확한 위치에 전극을 삽입했는지 확인하기 위해 수술실에서 환자를 마취에서 깨운 후 실제 뇌에 자극을 주어 전증 같은 증상이 줄어드는지를 확인하기도 합니다. 이렇게 삽입된 전극은 연장선을 통해 자극발생기에 연결되어 눈에 띄지 않게 피부 아래에 위치시키는 것으로 수술이 마무리됩니다. 프랑켄슈타인의 괴물처럼 눈에 띄는 나사못은 없지만, 체내에 숨겨진 자극발생기를 통해 전기충격을 받으며 더 나은 삶을 살아갈 수 있게 된 것입니다.

그런데 여기서 한 가지 의문이 더 생깁니다. 뇌영상을 아무리 정밀하게 찍는다고 하더라도, 그 영상에서 어떤 부분이 뇌전증과 같은 뇌질환과 연관되어 있는지를 어떻게 알 수 있는 걸까요? 이 질문에 대한 답을 찾는 데는 캐나다의 신경외과 의사 와일더 펜필드Wilder Penfileld의 공이 컸습니다. 펜필드는 수술 중 사람들의 대뇌피질을 일일이 자극해 보면서 뇌의 각 부분별 위치가 어떤 신체 부위의 감각 및 운동신경과 연결되어 있는지를 연구했는데요. 1937년에는 이를 한눈에 보여주는 뇌 지도를 공개하면서 뇌의 기능 탐색을 위한 중요한 도구를 제공했지요.

치료에서 증강까지 꿈꾸다

뇌심부자극술이 대중화되기 전인 1950년대에는 뇌의 깊은 곳에 자리한 시상핵Thalamic nucleus을 망가뜨리는 파괴술Lesioning을 통해 손이 심하게 흔들리는 전증을 치료하곤 했습니다. 그러던 중 아주 우연히 시상핵의 위치 파악을 위해 전극을 꽂고, 시상핵에 5~10Hz의 저주파수 자극을 가했더니 전증 증상이 심해지고, 50~100Hz의 고주파수 자극을 가했더니 전증 증상이 줄어든다는 사실을 알게 됩니다. 굳이 파괴술을 통해 시상핵을 망가뜨리지 않더라도 고주파 전기자극을 주어 전증을 치료할 수 있게 된 것입니다.

사실 특정 뇌영역을 파괴하는 방법은 전증 증상이 줄어들기는 해도 이로 인한 다른 부작용이 생겨나기 때문에 전기자극을 통한 조절이 더 각광받을 수 있었습니다. 만약 부작용이 발생하더라도 자극을 멈추기만 하면 되기 때문에 뇌심부자극술은 안전하고 획기적인 치료법으로 자리잡았지요. 1987년에 처음 소개되어 지금까지 16만 명이 넘는 환자가 뇌심부자극 수술을 받았으니, 그 안정성은 이제 충분히 입증되었다고 볼 수 있겠습니다.

특히 최근 들어 뇌에 대한 이해도가 높아지면서, 뇌심부자극술은 퇴행성 뇌질환으로 발생하는 파킨슨병과 같은 운동장애를 치료하는 것에서부터 심리적인 상태에 따라 특이 행동을 보이는 뚜렛증후군, 더 이상 약물로 조절되지 않는 강박장애와 같은 정신질환으로까지 그 범위가 확대되어 적용되고 있습니다.

뇌심부자극술을 시행하는 과정에서 흥미로운 현상도 보고되고 있는데요. 최근에는 인간의 기억에 많은 관련이 있다고 알려진 해마 부위의 내후각피질Enthorhinal cortex에 전기자극을 가했더니 기억력이 좋아진다는 보고가 있었습니다. 이는 뇌심부자극술을 통해 치매환자를 치료할 가능성을 보여준 것이기도 하지만 정상인의 인지능력을 증강시킬 수도 있다는 측면에서 많은 관심을 받았습니다.

그런가 하면 뇌의 측중격해Nucleus Accumbens를 자극하면 환자가 갑자기 웃음을 짓는 현상도 관찰돼 사람의 감정도 인위적으로 조절할 수 있다는 가능성이 입증되고 있습니다. 모든 사람이 뇌에 전극을 이식하고 있는 것은 아니지만, 뇌에 심은 전극을 통해 할 수 있는 일들을 생각해보면 조금은 오싹하기도 합니다. 치료 효과를 높이기 위한 뇌심부자극술을 연구할 때 윤리적인 측면도 함께 고려해야 한다는 사실을 보여주는 예가 아닐까 합니다.

이렇게 각광을 받고 있는 뇌심부자극기의 성능을 개선하는 방법에는 어떤 것들이 있을까요? 현재 쓰이고 있는 보통의 뇌심부자극기는 똑같은 전기자극을 일방적으로 계속 가해 주기만 하고 있습니다. 이렇게 일방적이고 지속적으로 전기자극을 하면 배터리 용량이 빨리 닳게 되겠지요. 그런데 자극이 필요할 때만 자극을 줄 수 있다면 어떨까요? 예를 들어 뇌전증Epilepsy 환자의 경우라면 발작seizure이 일어나려고 할 때만 자극을 주어 발작을 멈출 수 있게 하면 배터리 소모를 줄일 수 있겠지요. 그래서 의공학자들은 발작 직전에 뇌의 전기적인 신호가 갑작스럽게 변하는 현상을 측정해서 뇌자극 스위치를 켜 주는 기술인 반응형 뇌신경자극술Responsive NeuroStimulation을 개발하기도 합니다.

뇌신경자극술을 위해 필요한 뇌영상기술이나 뇌정위고정장치도 개선할 부분이 있습니다. 뇌영상을 촬영했는데 원하는 뇌영역이 잘 안 보이면 어떻게 할까요? 뇌정위 사각틀을 계속 머리에 고정하고 있으면 아프고 불편할 텐데 이를 간편하게 할 수 있을까요? 이런 문제를 보완하기 위해 최근에는 선명도가 높은 초고자장 MRI를 사용하기도 하고, 미국 메이요병원에서는 크기가 작은 소형 뇌정위장치를 발표하기도 했는데요. 이처럼 바이오메디컬공학은 계속해서 의학을 업그레이드하고 있답니다.

아직까지 뇌 안에 침습적으로 전극을 심고 자극기를 인체에 삽입하는 뇌심부자극술은 뇌질환을 가진 환자에게 주로 적용되고 있지만, 가까운 미래에 삽입시스템이 소형화되고, 로봇 수술 등으로 수술의 안정성과 정확성이 월등히 높아진다면 누구나 머릿속에 뇌심부자극기 하나씩은 가지고 있게 되지 않을까요? 우리가 필요할 때마다 집중력을 높여주는 등 SF 영화에나 등장할 법한 일이 현실에서 벌어질 수도 있지 않을까 상상해 봅니다.

사람들은 보통 어떤 과학기술의 발전을 예상할 때, 2년 뒤에 벌어질 변화에 대해서는 과대평가하는 경향이 있고, 10년 뒤에 벌어질 변화에 대해서는 과소평가하는 경향이 있다고 합니다. 실제로 많은 과학자들은 뇌가 어떻게 신체의 운동이나 감각, 그리고 판단이나 언어 등의 고등 인지기능을 조절하는지 아직까지도 명확히 알지 못하기 때문에 10년 뒤에도 뇌심부자극술을 통해 제어하고 조절할 수 있는 뇌의 기능이 제한적일 것이라고 이야기하곤 합니다. 하지만 어쩌면 실제로 10년 뒤에 누구나 뇌속에 뇌심부자극기를 하나씩 가지고 마음을 자유롭게 조절하는 세상이 올 수도 있지 않을까요?

2

두개골을 열지 않고
뇌를 치료하는 법

○
○
○

비침습적 뇌자극

여러분은 혹시 머리가 좋아지는 기계가 있다면 구매할 의향이 있으신가요? 이 기계를 사용하면 기억력이 좋아지거나 수학 계산을 더 잘할 수 있게 되고 판단력이나 직관력도 높일 수 있다고 합니다. SF 소설에나 등장할 법한 이야기지만 이것은 이미 병원에서 다양한 뇌질환을 치료하기 위해 쓰이고 있는 기술입니다. 바로 경두개전류자극transcranial current stimulation, tCS이라는 기술인데요. 뇌심부자극술과 달리 머리 표면에 한 쌍의 전극을 부착한 다음, 약한 전류를 흘려주면 전극 아랫부분의 뇌 활성도를 높이거나 낮출 수 있어서 수술을 하지 않고도 우리 뇌의 상태를 마음대로 바꿔줄 수 있습니다.

이 기술은 아주 오랜 역사를 갖고 있는데요. 전기의 발견과 거의 비숫한 역사를 갖고 있습니다. 머리 바깥에서 안으로 전류를 흘러서 뇌를 자극하는 방법은 무려 200년 전에 유럽의 의학자인 조반니 알디니 등이 처음으로 시도했습니다. 이 책에서 이미 한 번 등장한 적이 있는 알디니는 죽은 개구리 실험의 주인공인 갈바니의 외조카였는데요. 알디니는 알레산드로 볼타가 전지를 발명하자 전지를 이용해서 갈바니의 전기 자극 실험을 계승했지요. 재미있게도 알디니의 외삼촌이던 갈바니는 볼타와 앙숙이었다고 합니다. 심지어 갈바니는 알디니에게 볼타와 끝까지 싸워달라는 유언을 남기기도 했다는데요. 하지만 아이러니하게도 갈바니는 볼타가 만든 전지를 가장 잘 활용한 사람으로 역사에 기록돼 있습니다.

전류로 우울증을 치료하다

알디니는 볼타의 전지를 이용해서 다양한 신체 부위에 전기 자극을 가하는 실험을 했는데요. 그중 눈길을 끄는 실험은 심한 우울증을 앓던 루이지 란자리니Luigi Lanzarini라는 27세 청년 농부를 대상으로 한 실험입니다. 알디니는 볼타의 전지를 란자리니의 두정엽 부위에 가져다 대어 전류가 뇌를 통과해서 흐르도록 했는데요. 이를 통해 성공적으로 우울증을 치료했다고 발표했습니다.

이 실험은 최초의 전기 뇌자극 실험으로 역사에 기록돼 있는데요.

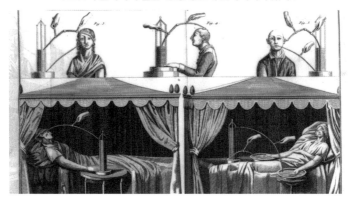

| 조반니 알디니의 실험: 중앙 상단에 란자리니가 있다 |

더욱 놀라운 사실은 200년도 더 된 이 장치가 현대 의학에서 우울증 치료를 위해 사용하는 경두개직류자극transcranial Direct Current Stimulation, tDCS 장치와 완벽하게 같은 원리와 구조를 갖고 있다는 점입니다. 물론 200년 전에는 머리에 흘려주는 전류의 양을 정확하게 조절할 수가 없어서 부작용이 많았을 겁니다. 사람에게 안전한 전류의 양이나 전류를 흘리는 적당한 시간을 알아내기 위한 연구가 본격적으로 시작된 것은 불과 20년도 지나지 않았기 때문입니다.

뇌를 자극하기 위해 사용하는 전류는 직류와 교류 모두 가능합니다. 하지만 그중에서 특히 직류를 가장 많이 사용하지요. 경두개직류자극이 어떤 원리로 뇌를 조절하는지에 대해서는 여러 가지 가설들이 있지만 아직 완전하게 밝혀진 것은 없습니다. 신기하게도 경두개직류자극에 사용되는 두 개의 전극 중에서 양극 아래 뇌 부위는 활성도가 증가하고 음극 아래 뇌 부위는 활성도가 오히려 감소합니다. 이런 원

교실 밖에서 듣는 바이오메디컬공학

리를 이용하면 특정한 뇌영역의 활성도를 올리거나 내려서 뇌질환을 치료하거나 뇌기능을 향상시킬 수가 있겠지요.

예를 들어 뇌활동의 억제가 필요한 뇌전증이나 중독질환은 뇌에 음의 전류를 흘려주고, 반대로 뇌활동의 증가가 필요한 우울증이나 뇌졸중은 양의 전류를 흘려주면 치료 효과를 볼 수 있습니다.

최근에는 직류전류가 아닌 교류전류를 이용해서 뇌를 자극하는 연구가 활발히 진행되고 있는데요. 바로 '경두개교류자극^{tACS}'이라는 이름의 장치입니다. 두피에 한 쌍의 전극을 붙인 다음에 특정한 주파수, 예를 들면 10헤르츠의 주파수를 가진 미약한 교류를 흘려주면 10헤르츠의 뇌파를 유도할 수 있습니다. 이 기술을 잘 사용하면 뇌에 생기는 여러 가지 질환을 치료할 수도 있고 인지기능을 변화시키는 것도 가능합니다. 예를 들어 기억력을 향상시킨다거나 집중력을 향상시키는 것도 가능하지요.

전기 말고도 뇌를 자극할 수 있는 방법이 있다?

경두개직류자극보다 가격이 비싸고 이동성이 떨어지기는 하지만 더 정밀하게 뇌를 자극하는 방법은 자기장을 이용하는 것입니다. 1903년 미국의 아드리안 폴락^{Adrian Pollock}은 사람의 머리 위에 수백 번 감은 코일을 대고 자기장 펄스를 만들어 주면 직접 전류를 흘리지 않아도 뇌에 전류를 흐르게 할 수 있을 것이라는 아이디어를 발표했습니다. 획기적인 아이디어였지만 시대를 너무 앞서가는 바람에 실제로 사용되지는 않았는데요. 경두개자기자극Transcranial Magnetic Stimulation, TMS 장치는 1980년대 후반이 되어서야 실제로 사람에게 사용되기 시작했습니다.

최근에 뇌공학자들은 빛을 이용해 뇌를 자극할 수 있다는 사실에 주목하고 있는데요. 신경세포에 해조류에서 추출한 '채널로돕신2'라는 단백질을 바이러스 벡터(운반체)를 이용해서 주입한 다음에, 특정한 파장의 빛을 쪼이면 단백질이 발현된 신경세포의 활동을 마음대로 조절할 수 있다는 광유전효과optogenetic effect가 발견됐기 때문입니다. 2004년에 처음 발견된 이 현상은 현대 신경과학의 가장 중요한 주제 중 하나가 됐습니다. 전류나 자기장은 넓게 퍼지기 때문에 자극하려는 부위 주변의 신경세포들도 함께 자극이 되지만 빛은 직진하기 때문에 좁은 부위만을 선택해서 자극할 수 있지요. 하지만 현재 기술로는 살아있는 사람의 뇌에 단백질이 부착된 바이러스를 주입하는 것이 매우 어렵기 때문에 여러 가지 방식이 시도되고 있는 중입니다(자세한 내용은 7부에서 다시 소개하도록 하겠습니다).

최근 들어 저희 연구실을 비롯한 여러 연구실에서는 불그스름한 근적외선 파장의 빛을 두피에 쪼여서 뇌 활성도를 높이는 광생체조절 photobiomodulation, PBM이라는 기술을 개발하고 있습니다. 실제로 저희 연구실에서는 2020년에 앞이마에 근적외선을 20분 정도 쪼이면 전전두

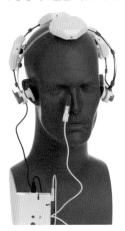

엽의 활성도가 높아져서 인지 과제를 더 잘 수행할 수 있다는 실험 결과를 발표하기도 했습니다. 이 기술이 계속 발전한다면 레이저포인터 같은 것을 주머니에 넣고 다니다가 필요할 때 머리에 대고 빛을 쪼여서 뇌를 조절하는 날이 오게 될지도 모릅니다.

최근에는 음파를 사용해서도 뇌를 자극할 수 있다는 사실이 밝혀졌습니다. 머리 밖에서 초음파를 발생시켜 뇌의 한 부위에 집중시키면 그 부위의 뇌활동을 유도할 수 있는데요. 심지어 뇌공학자들은 뇌의 감각 중추를 초음파로 자극해서 감각을 느끼게 하는 연구도 시작했습니다. 이와 같은 연구가 성공한다면 가상현실 상에서 아바타가 느끼는 감각을 사용자가 직접 느끼게 될 수도 있을 것입니다.

이처럼 우리 뇌는 전자기장, 빛, 소리와 같이 다양한 외부 자극에 반응합니다. 이렇게 뇌에 물리적인 자극을 줘서 뇌질환을 치료하는 기술을 전자약electroceutical이라고 합니다('전자약'은 7부에서 더 자세히 소개합니다). 약의 개념이 먹거나 주사를 맞는 물질에서 신체에 자극을 가하는 기계로 확장되고 있는 것이지요. 전자약은 먹는 약에 비해서 부작용이 적어서 기존의 약에 반응하지 않는 난치성 질환 환자를 중심으로 보급되고 있습니다. 오늘 소개해 드린 여러 가지 방법들이 어떤 원리로 뇌를 자극하는지는 아직 확실치 않지만 많은 뇌과학자와 뇌공학자들이 연구에 뛰어들고 있기 때문에 오래지 않아 약을 먹거나 수술을 하지 않고도 뇌의 병을 치료하는 것이 가능해질 것으로 기대합니다.

우리의 뇌는 전기를 이용해서 정보를 처리하기 때문에 전류나 자기장으로 뇌를 조절하는 것은 어찌 보면 당연해 보입니다. 하지만 우리 뇌가 빛이나 초음파에 반응한다는 사실은 약간은 의외인데요. 우리 뇌는 정말 신비로운 기관임에 틀림없습니다. 고령화 사회가 되면서 뇌질환이 심각한 사회 문제가 되고 있는데요. 바이오메디컬공학이 더욱 발전해서 하루빨리 부작용 없이 뇌질환을 치료하는 기술이 개발되기를 바라봅니다. 여러분이 그 주인공이 되면 더할 나위 없겠네요.

3

내 도파민 농도는 괜찮을까?

신경전달물질 측정 기술

PC방에서 친구들과 재미있게 게임을 하다 보면 시간이 정신없이 지나가고는 합니다. 문제는 공부를 하려고 책상에 앉아서 책을 보고 있는데 그 게임이 눈앞에 아른거립니다. 그러다가 나도 모르게 PC방 의자에 앉아 있는 나를 발견하게 되지요. 꼭 게임이 아니더라도 우리는 종종 일상에서 갑자기 여행을 가고 싶다든가, 친구를 만나 놀고 싶다는 마음이 들고는 하지요. 그런데 이런 마음은 대체 어디서 오는 것일까요? 이렇게 어떤 것을 하고 싶다는 '동기부여'와 같은 마음은 도파민dopamine이라는 신경전달물질과 관련이 있다고 알려져 있습니다.

인간의 마음과 행동은 우리의 뇌와 신경계에 의해 조절됩니다. 복잡한 신경계를 통해 사물을 인지하고 상황을 판단하면, 우리 몸의 근

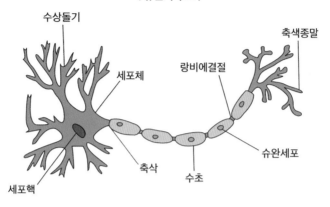

| 뉴런의 구조 |

수상돌기
세포체
랑비에결절
축색종말
슈완세포
축삭
수초
세포핵

육을 수축하거나 이완하여 반응을 하는 것입니다. 이런 신경계를 이루고 있는 기본이 되는 것이 바로 신경세포인 뉴런입니다.

그림에서 볼 수 있듯이 뉴런은 크게 핵을 가지고 있는 세포체와 세포체 주변에 펼쳐진 수상돌기, 세포체로부터 신호를 전달하는 축삭돌기로 이루어져 있습니다. 이 뉴런과 뉴런이 이어지면 서로간에 정보를 전달할 수가 있지요. 간략히 어떻게 뉴런과 뉴런이 연결되는지 살펴볼까요? 어떤 뉴런에서 전기적 신경세포의 활성화가 일어나면 축삭돌기를 통해 이 정보가 전달됩니다. 축삭돌기는 다른 뉴런의 수상돌기와 연결되어 정보를 전달하는데, 이때 축삭돌기와 수상돌기가 맞닿은 부분을 시냅스synapse라고 합니다. 시냅스에서 뉴런 간의 정보 전달은 화학물질인 신경전달물질이 담당하게 되는데요.

축삭돌기의 말단에서 신경전달물질이 시냅스로 분비되면, 이 신경전달물질은 다음 뉴런의 수상돌기에 있는 수용체Receptor에 결합해 정보가 전달되게 됩니다. 예를 들어 시골에 놀러 갔다가 산길에서 독사를 보게 되면, 우리 눈의 시신경 뉴런에서 세포의 활성화Action potential가 일어나고, 이 정보는 축삭돌기를 통해 공포 중추인 편도체Amygdala에 있는 뉴런의 수상돌기로 전달되지요. 이때 축삭돌기의 시냅스에서는 감정에 중요한 역할을 한다고 알려져 있는 세로토닌이라는 신경전달물질이 분비되는데요. 이것이 편도체 뉴런의 수상돌기 수용체와 결합하면 우리가 무서움을 느끼고 도망갈 준비를 하게 되는 것입니다.

이처럼 신경전달물질은 뉴런 사이의 정보 전달 과정에서 중요한 역할을 하기 때문에 뇌의 신경전달물질의 변화는 각종 뇌질환과도 밀접하게 연결이 되어 있습니다. 퇴행성 뇌질환인 파킨슨병은 전신경세포인 도파민 뉴런들의 퇴화로 인해 후신경세포의 수용체에도 퇴화가 일어나 도파민이 담당하는 정보 전달이 원활하지 않게 되어 생기는 질환입니다. 따라서 도파민으로 변화되기 바로 직전의 화합물질인 레보도파L-dopa를 투약해 뇌 속의 도파민 생성을 늘려주어 증상을 완화시키지요. 레보도파를 투약하면 파킨슨병으로 인해 생긴 느린 동작이나 떨림과 같은 증상이 완화됩니다.

도파민을 예로 들어 설명했지만 인간의 뇌에는 100여 개 이상의 신경전달물질이 존재하고 있고, 뇌의 각 영역에서 다양한 신경전달물질과 수용체가 신경조절에 관여하고 있기 때문에 어떤 신경전달물질이 특정한 행동을 어떻게 조절하는지를 이해하는 것은 정말 중요합니다. 그래서 많은 뇌공학자들이 특정한 행동을 하는 동물의 뇌에서 분비되

는 신경전달물질을 실시간으로 측정하기 위한 방법들을 고안하고 개
발해 온 것이지요.

신경전달물질 변화로 생각을 훔쳐 보다

동물의 뇌에서 신경전달물질의 변화를 실시간으로 측정하는 대표
적인 방법에는 순환전압전류법Cyclic Voltammetry이라는 것이 있습니다. 순
환전압전류법은 전기화학 분야의 산화oxidation–환원reduction 반응을 이용
하는 것인데요. 탄소로 만들어진 바늘 형태의 전극을 뇌에 집어넣고
전극에 특정한 전압을 가해주면서 전극에 흐르는 전류를 측정하는 방
식입니다.

탄소전극 근처에 있는 도파민의 경우, 전극전압이 0.6V가 되면 도
파민이 산화되면서 전자를 방출하며 도파민퀴논dopamine-o-quinone이라
는 물질로 변하게 됩니다. 이때 방출된 전자에 의해 전류가 발생하지
요. 따라서 실제 순환전압전류법에서는 탄소 전극에 -0.4V 전압에서
시작하여 1.0V까지 전압을 증가시켰다가 다시 차츰 감소시켜 -0.4V
까지 내리면서 변하는 전류를 측정하게 됩니다. 전압이 0.6V 부근에
이르면 도파민이 산화되면서 전류가 커지고, 다시 전압 -0.2V 부근에
이르면 도파민퀴논이 다시 도파민으로 환원되면서 전류의 크기가 작
아지게 됩니다.

교실 밖에서 듣는 바이오메디컬공학

이렇게 전압에 따른 전류의 변화 패턴을 측정한 것을 볼타모그램 voltammogram이라고 하는데요. 신경전달물질의 농도가 증가하면 산화-환원에 의한 전류 변화가 비례하여 커지고 볼타모그램도 여기에 비례해 변화합니다. 또한 신경전달물질의 종류에 따라 산화되고 환원되는 전압의 위치가 다르기 때문에 볼타모그램을 관찰하면 신경전달물질의 종류를 구분할 수 있지요. 이 순환전압전류법은 1초에 10번 이상 볼타모그램을 얻을 수 있기 때문에 실시간으로 시냅스에서 빠르게 방출되었다가 다시 흡수되는 신경전달물질의 변화를 관찰하는 데 많이 사용되고 있습니다.

순환전압전류법을 이용해서 실시간으로 도파민의 변화를 측정하는 방법은 주로 설치류나 영장류와 같은 실험 동물을 대상으로 진행되어 왔는데요. 2016년 케니쓰 키시다Kenneth Kishida 교수는 이와 달리 사람의 뇌에 탄소전극을 삽입하고 투자게임을 하면서 도파민을 측정하는 실험을 시도했습니다. 이 실험은 학습이나 판단에 중요한 역할을 하는 선조체striatum라는 뇌 부위에서, 사람이 게임 도중 마음속으로 예측(가정)했던 것과 결과가 달라졌을 때 도파민의 양이 많아진다는 사실을 밝혀냅니다.

한편 뇌과학적인 발견을 위해서 신경전달물질을 관찰하기도 하지만 뇌질환의 치료에 도움을 주기 위해 신경전달물질을 측정하기도 하는데요. 앞서 퇴행성 뇌질환인 파킨슨병은 도파민 신경의 퇴화로 인해 생겨난다고 했습니다. 최근 미국 메이요병원의 켄달 리Kendall H. Lee

교수는 파킨슨병 치료에 도움을 주기 위해 뇌에서 도파민의 변화를 측정하는 시스템을 개발하고 있습니다. 도파민의 변화를 실시간으로 추적해서 가장 효과가 높은 뇌자극을 가해주는 새로운 치료 방법을 만들려고 하는 것이지요.

아마도 미래에는 우리가 어떤 행동을 할 때 내 머릿속에서 변하고 있는 신경전달물질을 직접 관찰할 수도 있지 않을까 예상합니다. 그렇게 되면 내가 왜 그렇게나 게임을 하고 싶었던 건지도 알 수 있게 되지 않을까요?

뇌에는 100개 이상의 신경전달물질이 있다고 설명했지요. 그런데 왜 뇌에는 이렇게 많은 신경전달물질이 필요할까요? 조물주가 있다면 뉴런과 뉴런을 그냥 간단히 전기적으로 연결하면 되지 복잡하게 다양한 신경전달물질과 수용체로 신경을 연결했을까요? 전 세계의 유명한 뇌과학자 및 뇌공학자도 왜 그런지 아직까지 그 이유를 명확히 모른답니다. 이 책을 읽고 있는 여러분이 그 이유를 밝혀보면 어떨까요?

4

너의 '뇌 소리'가 보여

∘
∘
∘

뇌신호 측정 기술

1919년 5월 1일에 미국에서 발행된 『일렉트리컬 익스피리멘터Electrical Experimenter』라는 월간지에는 미국의 유명 SF 작가인 휴고 건스백Hugo Gernsback의 '생각 기록장치The Thought Recorder'라는 글이 실렸습니다. 건스백은 입체 텔레비전, 영상통화, 진공터널열차, 레이더 등과 같은 미래 기술을 정확히 예측한 사람으로 유명한데요. 그는 잡지에 기고한 두 페이지 분량의 글에서 뇌에서 발생하는 전기신호(뇌파)를 해독하면 인간의 생각을 읽어내고 저장할 수 있을 것이라고 주장했습니다. 그러면서 그는 50년 전에 토머스 에디슨이 처음으로 사람 목소리를 녹음한 사건을 예로 들었지요.

"50년 전, 최초로 사람의 목소리를 녹음할 당시만 해도, 대중들은

'사람이 한 말은 공기 중에서 금세 사라지는데 그걸 잡아 둔다는 게 가능할까?'라고 생각했습니다. 하지만 음성학이 발전하면서 발명가들이 목소리를 녹음하는 것은 간단한 일이 됐죠. 마찬가지로 언젠가 생각을 기록하게 되는 날이 반드시 올 겁니다. 우리에게 필요한 것은 적절한 장치일 뿐이고 그건 쉽게 만들 수 있을 겁니다."

인류 최초의 뇌파가 기록되다

건스백이 예상한 미래가 현실이 되는 데는 그리 오랜 시간이 걸리지 않았습니다. 독일의 예나Jena라는 소도시에 살던 정신의학자 한스 베르거Hans Berger 박사가 1924년에 심장의 활동을 측정하는 심전도 기계를 개조해서 사람의 뇌에서 발생하는 뇌파를 측정하는 데 성공했기 때문입니다.

베르거는 뇌파 측정기기를 이용해서 아들의 뇌파를 기록했는데요. 어떻게 보면 아들에게 인류 최초의 뇌파를 기록할 기회를 준 좋은 아버지 같아 보이지만 사실 베르거는 아주 매정한 아버지였습니다. 당시의 뇌파 측정 기계에는 전류의 역류를 막을 수 있는 다이오드diode와 같은 회로가 들어가 있지 않아서 자칫 기계가 오작동을 일으키게 되면 사람을 기절시키고도 남을 정도의 큰 전류가 머리를 관통할 수도 있었거든요. 다행히도 베르거의 아들과 딸의 뇌파는 인류 최초의 뇌

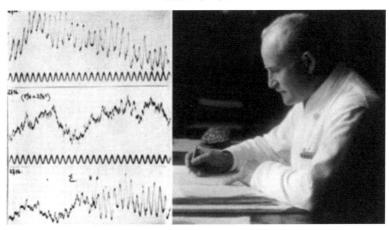

파로 기록이 되었고 이들의 뇌파로부터 후두엽에서 발생하는 알파파
나 수면 시 발생하는 델타파 등이 처음으로 관찰되었지요.

컴퓨터가 없던 시절에는 측정된 뇌파신호의 판독을 위해서 사람의
눈에 의존할 수밖에 없었는데요. 사실 뇌파신호는 아주 복잡한 형태
를 지니고 있어서 뇌전증epilepsy과 같은 특정한 뇌질환을 가진 사람의
뇌파가 아니라면 눈으로 볼 때 특별한 패턴을 관찰하기가 어렵습니
다. 그래서 컴퓨터를 이용한 디지털 방식의 뇌파가 측정되기 전인 40
년 전까지만 하더라도 뇌파의 응용 분야는 뇌전증이나 수면장애 진단
과 같이 아주 제한된 영역에 머물러 있었습니다. 그런데 디지털 뇌파
측정장치가 개발되고 뇌파신호를 컴퓨터에 저장하기 시작하면서 다
양한 분야에 뇌파가 활용되기 시작했지요.

뇌파를 이용한 집중력 게임

뇌파에는 서로 다른 주파수를 가진 뇌신호들이 섞여 있는데요. 뇌파신호를 푸리에 변환Fourier Transform이라는 방법을 이용해서 서로 다른 주파수로 분리하면 보다 풍부한 정보를 얻어낼 수 있습니다. 이런 방법을 이용해서 기존에는 진단이 어려웠던 뇌질환인 우울증, 주의력결핍장애, 조현병, 양극성장애 등을 뇌파로 진단하는 게 가능해졌지요. 이뿐만이 아닙니다. 뇌파를 실시간으로 분석하면 뉴로피드백 neurofeedback이라는 자가 뇌조절 장치를 만드는 것도 가능합니다. 뉴로피드백은 뇌파를 측정해서 사용자의 현재 뇌 상태를 알아내고 그 결과를 다양한 방식으로 다시 그 사람에게 보여줘서 스스로 자신의 뇌를 조절할 수 있게 훈련하는 기술입니다.

2009년에 미국의 장난감 회사인 엉클 밀튼Uncle Milton은 뉴로피드백 기술을 적용한 '스타워즈 포스 트레이너Star Wars Force Trainer'라는 이름의 장난감을 출시했습니다. 이 제품은 우주선 모양으로 생긴 본체와 가벼운 플라스틱 공, 그리고 전두엽에서 발생하는 뇌파를 측정할 수 있는 헤드셋으로 구성돼 있는데요. 뇌파 헤드셋을 이마에 착용하고 기계에 공을 올려놓은 다음에 마스터 제다이인 요다Yoda의 목소리에 맞춰 공에 정신을 집중하면 공이 떠오르기 시작합니다. 집중력이 높아지면 공은 더 높게 떠오르고 마음가짐이 흐트러지면 공이 바닥으로 떨어집니다. 장난감 사용자는 마치 영화에서처럼 자신이 '포스'를 이용해서 공을 떠오르게 하는 착각을 느낄 수 있죠. 포스 트레이너를 사용하는 사람들은 공을 떠오르게 하기 위해 노력하는 과정에서 자신도 모르는 사이에 집중하는 능력을 키우게 됩니다. 이 기술을 이용하면 집중을 잘 하지 못하는 질환인 주의력 결핍 과잉행동 장애ADHD를 갖고 있는 아이들이 집중하는 방법을 배울 수 있겠지요.

뇌파는 이 외에도 제품의 선호도를 평가할 수 있게 하는 뉴로마케팅neuromarketing이나 거짓말 탐지 등에도 활용될 수 있는데요. 그런가 하면 최근에는 뇌파로부터 사용자의 감정상태를 알아내서 게임 캐릭터의 능력치를 바꿔 준다거나 운전 중에 졸음이 오는 것을 알아내서 경고음을 내는 것과 같은 새로운 응용 분야도 연구되고 있습니다. 현재도 뇌파의 응용 분야는 계속해서 넓어지고 있답니다.

뇌는 거짓말을 하지 않는다

한양대학교 연구실에서도 사람의 뇌에서 측정되는 뇌파를 이용해서 다양한 응용 분야에 적용하고 있는데요. 최근에 저희가 관심을 가지고 있는 분야 중 하나는 앞서 짧게 소개한, 뇌파를 이용해서 제품에 대한 사람들의 선호도를 알아내는 '뉴로마케팅'입니다. 출시되기 전의 제품 디자인이나 음식의 맛, 화장품의 향기 등을 평가할 때 보통 쓰는 방법은 설문조사이지요. 그런데 종이나 컴퓨터를 이용하는 설문조사

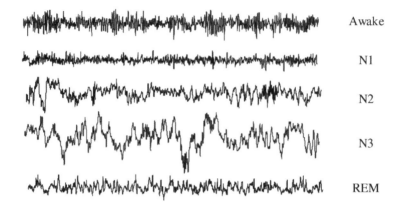

| 수면 상태에 따른 뇌파의 변화 |

Awake

N1

N2

N3

REM

에는 조사 대상의 과거 경험이나 선입견이 포함될 수가 있습니다.

그런데 여러분 혹시, '우리 뇌는 거짓말을 못한다'라는 말을 들어본 적이 있으신가요? 어떤 대상을 볼 때 우리 뇌의 무의식의 반응을 뇌파를 이용해서 관찰하면 우리 뇌가 정말 좋다고 느끼는 것을 찾아낼 수 있다는 이론이 점차 많은 사람들에게 받아들여지고 있습니다. 한양대학교 연구실은 뇌파 데이터에 기계학습 기술을 적용해서 개개인의 선호도를 높은 정확도로 알아내는 기술을 가지고 있는데요. 이 기술을 이용해서 전자 회사나 자동차 회사, 화장품 회사, 건강용품 회사 등의 신제품 디자인이나 기능을 평가하는 연구를 진행하고 있답니다.

뿐만 아니라 뇌파를 이용해서 사용자의 감정상태를 인식할 수 있으면 다양한 분야에 응용이 가능한데요. 감정상태를 인식하는 기술은 인공지능이나 로봇을 이용해서 뇌질환을 치료하기 위한 목적으로 활용될 수 있습니다. 예를 들어 자폐증이나 대인기피증과 같이 감정 파악이 중요한 뇌질환을 인공지능이나 로봇을 이용해서 치료할 때 환자의 현재 감정상태의 변화를 파악할 수 있다면 치료가 잘 되고 있는지를 확인해서 치료 방식을 변경해 줄 수 있겠지요. 한양대학교 연구실에서도 최근 들어 뇌파를 이용해서 사용자의 감정을 정확하게 알아내는 연구를 진행하고 있는데요. 최근 딥러닝Deep Learning 기술이 발전해서 감정 인식의 정확도를 높이는 데 크게 도움을 주고 있답니다.

뇌파를 측정하는 또 다른 방법

그런데 사람의 뇌에서 측정되는 뇌파는 신경세포에서 발생하는 아주 약한 신경전류가 머릿속에서 흐르다가 두피에서 측정이 되는 것인데요. 사람의 뇌와 두피 사이에 놓여 있는 두개골은 전류를 잘 흘리지 못하기 때문에 측정되는 신호의 크기도 작아지고 신호에 왜곡이 생기기도 합니다. 그런데 자기장의 경우는 좀 다릅니다. 자석을 우리 몸에 가져다 대면 자석에서 발생하는 자기장은 아무런 저항 없이 우리 몸을 통과합니다. 자기장의 관점에서 본다면 우리 몸은 투명인간이나 마찬가지인 것이지요. 그런데 신경세포가 만들어 내는 신경전류가 우리 머릿속을 흘러갈 때 그 전류 주위에는 아주 미세하지만 자기장이 발생합니다. 전류가 흐르는 전선 주위에 자기장이 생겨나는 것과 마찬가지 원리지요. 이처럼 신경세포에 의해서 발생하는 자기장을 신경자기장이라고 부릅니다. 만약 이 신호를 잘 측정할 수 있다면 뇌활동을 관찰할 수 있겠지요.

그런데 신경자기장은 크기가 너무나 작기 때문에 일반적으로 쓰이는 자기장 센서로는 측정이 불가능합니다. 크기가 얼마나 작은가 하면 지구에서 발생하는 지구자기장의 10억 분의 1 정도 크기입니다. 이렇게 작은 크기의 신경자기장을 측정하기 위해서는 아주 민감한 자기장 센서가 필요하겠지요. 이런 미세한 자기장을 측정할 수 있게 된 것은 1962년, 22세의 젊은 대학원생이었던 브라이언 데이비드 조지프슨Brian David Josephson이 조지프슨 효과라는 현상을 발견하면서부터였습니다. 조지프슨 효과를 이용하면 아주 민감한 자기장 측정 센서인 초전도 양자간섭장치Superconducting QuantumInterference Device, SQUID를 만들 수 있는데요. 1973년에 조지프슨은 이 공로로 불과 33살의 나이에 노벨 물리학상을 수상하지요.

1972년, MIT의 데이비드 코헨David Cohen 박사는 초전도 양자간섭장치를 이용해서 뇌에서 발생하는 신경자기장을 측정하는 뇌자도magnetoencephalography, MEG라는 장치를 만들어 냅니다. 코헨 박사는 외부에서 발생하는 자기장을 완벽하게 차단하기 위해서 아주 두꺼운 금속으로 사방을 둘러쌌습니다. 초전도 양자간섭장치를 작동시키기 위해서는 아주 낮은 온도로 센서를 냉각시켜야 했기 때문에 영하 268도의 액체 헬륨이 가득 찬 원통 안에 초전도 양자간섭장치를 집어넣었습니다.

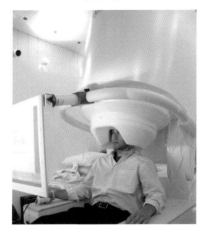

그리고 원통 아래에는 머리를 집어넣기 위해 머리 모양의 홈을 팠죠.

그런데 세계 최초의 뇌자도신호는 누구의 것이었을까요? 매정한 아버지였던 베르거와는 달리 코헨 박사는 자신의 뇌에서 발생하는 신경자기장신호가 인류 최초의 뇌자도신호로 기록되길 원했습니다. 그래서 자신이 최초의 실험 대상자로 자원했지요. 하지만 코헨 박사의 회고록에 따르면 정작 자신도 헬륨 통 아래에 머리를 집어넣을 때 엄청난 공포감을 느꼈다고 합니다. 아주 희박한 확률이지만 통에 금이 가서 액체 헬륨이 쏟아지기라도 하면 즉시 냉동인간이 되어버릴 것이기 때문입니다. 그럼에도 코헨 박사는 용기를 내어 자신의 뇌에서 발생한 신경자기장을 측정했고 그 결과는 학술지『사이언스』지의 표지를 장식했습니다.

뇌자도는 뇌파에 비해서 훨씬 정밀하기 때문에 뇌질환을 진단할 때 정확도를 높일 수가 있습니다. 하지만 뇌자도는 뇌파에 비해 널리 쓰이고 있지는 않은데요. 그 이유는 다름이 아니라 가격이 너무 비싸기 때문입니다. 특히 초전도체의 냉각을 위해서 쓰이는 액체 헬륨은 시간이 지나면서 아주 조금씩 증발하기 때문에 계속 보충해야 하는데요. 이 헬륨의 가격이 특히 비쌉니다. 그래서 최근에는 초전도체를 쓰지 않는 새로운 신경자기장 측정 기술이 연구되고 있습니다. 이런 기술이 완성된다면 오토바이 헬멧 같이 생긴 모자만 착용하면 아주 빠르고 정밀하게, 언제 어디서나 뇌활동을 측정할 수 있게 될 것입니다.

뇌에서 발생하는 신호는 아주 복잡하기 때문에 다른 생체신호들에 비해서 분석이 어렵습니다. 바이오메디컬공학에서는 이런 복잡한 신호를 분석해서 의미 있는 패턴을 발견하기 위한 다양한 기술을 배우고 연구합니다. 물리학이나 수학에서 만들어진 카오스 이론Chaos Theory, 정보 이론Information Theory, 그래프 이론Graph Theory과 같은 다양한 이론을 활용하기도 하지요. 최근에는 기계학습이나 딥러닝 기술을 이용해서 분석의 정확도가 많이 향상되기도 했습니다. 뇌는 아직도 밝혀지지 않은 사실이 많은 미지의 대상이라 연구할 주제가 무궁무진하답니다.

5

내 뇌에 칩이 들어간다면

○
○

뇌-기계 인터페이스

2021년 4월, 유튜브에서는 아주 놀랄 만한 영상이 공개되어 화제를 모았습니다. 바로 전기자동차 회사 테슬라의 창업자인 일론 머스크 가 공개한 동영상 때문이었는데요. 머스크가 설립한 뇌연구 스타트업 '뉴럴링크Neuralink'에서 머릿속에 전극을 심고 생각만으로 컴퓨터 게임 을 하는 원숭이를 선보인 것입니다.

유튜브에 공개한 이 영상에서 원숭이는 손으로 조이스틱을 움직여 컴퓨터 마우스 커서를 원하는 대로 컨트롤했습니다. 그리고 얼마 후 에는 컴퓨터에 조이스틱 연결선이 빠져 있는데도 불구하고 조이스틱 을 움직여 마우스 커서를 조정합니다. 어떻게 이런 일이 가능했던 것 일까요? 원숭이는 인지하지 못했겠지만 원숭이의 운동영역에 심어진 전극으로부터 얻어진 신경신호를 통해 커서가 컨트롤되고 있었던 것이지요.

　이것이 바로 요즘의 많은 뇌공학자들이 관심있게 연구하고 있는 뇌-기계 인터페이스Brain-Machine Interface, BMI 기술입니다. 인터페이스라는 개념은 자주 들어봤지만 막상 정확히 설명하자니 어렵지요. 인터페이스란 두 개의 장치 사이에서 정보나 신호를 주고받을 때 그 사이를 연결하는 연결장치나 소프트웨어를 뜻합니다. 따라서 뇌-기계 인터페이스는 말 그대로 뇌의 신경신호로 외부에 있는 컴퓨터나 기계를 제어하기 위해 연결하는 인터페이스 기술을 뜻합니다. 뉴럴링크의 원숭이 BMI의 경우 수술을 통해 원숭이의 뇌 속에 전극을 집어넣어 신경신호를 읽어 들이는데요. 이런 방식을 '침습형' BMI 기술이라고 합니다.

　참고로 뇌-기계 인터페이스는 뇌-컴퓨터 인터페이스Brain-Computer Interface, BCI라고 불리기도 하는데요. 2010년 이전에는 BMI는 침습형 방식을, BCI는 수술하지 않고 뇌파 등으로 인터페이스를 하는 비침습적 방식을 가리켰지만 최근에는 컴퓨터와 기계 사이의 경계가 허물어지고 있기 때문에 BMI와 BCI를 구별하지 않고 사용하고 있습니다. 하지만 이 책에서는 침습적 방식을 BMI, 비침습적 방식을 BCI로 부르는 예전 전통을 따르려고 하는데요. 여러분들이 두 가지 명칭에 모두 익숙해졌으면 하는 바람에서 이렇게 결정했습니다.

어떻게 생각만으로 기계를 움직일 수 있을까

그렇다면 어떻게 뉴럴링크가 보여준 BMI 기술이 가능한 것일까요? BMI 기술을 설명하기 위해 먼저 BMI의 전체적인 구성 요소와 역할을 살펴보고자 하는데요. 제일 먼저 뇌 속에서 뉴런의 전기적 활동을 측정하기 위한 전극이 필요합니다. 여러 개의 작은 바늘 형태의 전극을 뇌 속에 삽입해 뉴런에서 나오는 전기적 신호인 활동전위action potential 스파이크*를 측정하기 위해서이지요. 전극들에서 스파이크 데이터를 측정하기 위해서는 신경신호 측정시스템도 필요합니다. 이렇게 얻어진 데이터는 무선이나 유선 케이블을 통해 컴퓨터에 보내지고, 이 컴퓨터에서 스파이크의 패턴을 분석하게 되는 것이지요.

스파이크 패턴을 분석할 때 사용하는 방법은 주로 집단부호화 Population coding라는 이론에 바탕을 두고 있는데요. 집단부호화란 운동이나 감각이 뉴런 하나하나가 아닌 뉴런의 집단이 만들어 내는 패턴을 통해 표현된다는 이론입니다. 예를 들면 손을 여러 방향으로 움직일 때 뉴런의 활동전위 스파이크를 측정한다고 가정해 봅니다. 이때 손을 왼쪽으로 움직이면 1, 3, 5번째 뉴런이 동시에 활동하고, 오른쪽으로 움직이면 2, 4, 6번째 뉴런이 활동을 하고, 위쪽으로 움직일 때는

---

* 뉴런이 만들어 내는 활동전위는 매우 빠른 시간 동안에 뾰족한 펄스 형태를 띠는데 우리가 바닥에 징이나 못을 박은 운동화를 스파이크라고 부르는 것처럼 뉴런의 이런 활동도 스파이크와 유사하게 보인다고 하여 스파이크라고 부릅니다.

1, 2, 3번째 뉴런이 활동하는 식으로 뉴런들의 조합이 바뀌며 뇌 안에서 손이 움직이는 방향이 표현된다는 것입니다. 스파이크 패턴을 입력 받은 컴퓨터는 이렇게 여러 개의 뉴런이 만들어 내는 패턴을 분석해 움직임의 방향을 찾아내게 되는 것이지요.

뉴럴링크의 원숭이는 나중에는 실제 손을 움직이지 않고도 생각만으로 마우스 커서를 움직일 수 있게 되었습니다. 그 비결은 무엇이었을까요? 원숭이가 이렇게 되기 위해서는 몇 단계의 훈련을 거쳐야 합니다. 뇌에 전극을 삽입한 원숭이는 처음에는 조이스틱조차 어떻게 사용하는지 모르기 때문에 조이스틱을 컨트롤하는 훈련을 합니다. 원숭이가 우연치 않게 조이스틱을 움직여 화면에 있는 타깃 영역 안으로 마우스 커서를 옮기면 달콤한 설탕물과 같은 보상이 주어지지요. 맛있는 보상을 받기 위해 원숭이가 계속해서 위치가 바뀌는 타깃의 방향으로 마우스를 움직이는 시도를 하는 과정을 통해 조이스틱을 컨트롤하는 방법을 배우게 된 것입니다.

이렇게 조이스틱 컨트롤이 자연스러워지면 두 번째 단계에서는 타깃 영역 안으로 마우스 포인터를 움직이는 실험을 계속하게 되는데요. 이때 여러 채널의 전극으로부터 뉴런의 활동전위 스파이크를 측정하게 됩니다. 이렇게 얻어진 뇌의 스파이크 데이터로부터 집단 패턴(집단부호화)을 분석하면 조이스틱의 움직임 값을 예측해 낼 수 있는 것이지요.

세 번째 단계에서도 역시 원숭이에게 보상을 주면서 마우스 포인

교실 밖에서 듣는 바이오메디컬공학

터 움직임 실험을 계속 시키는데요. 하지만 이번에는 조이스틱 움직임 90%와 스파이크 집단패턴으로 예측된 조이스틱 움직임 10%의 합으로 마우스 커서를 움직여 주게 됩니다. 실제 손의 움직임 정보와 신경신호로부터 예측된 움직임 정보를 함께 고려해 마우스 커서의 움직임 훈련을 하게 되는 것이지요. 그리고 조이스틱 움직임 80%와 신경신호 예측 움직임 20% 같은 식으로 점차적으로 신경신호 예측 움직임 비율을 조금씩 높여주게 됩니다. 이런 훈련을 반복하면 결국 원숭이가 100% 신경신호의 움직임 예측만으로 마우스 커서를 움직일 수 있게 되는 것이지요.

사지마비 환자를 도운 거울신경세포

침습적 BMI 기술은 2011년 사지마비 환자에게 처음 적용되었던 기술이었습니다. 브라운대학의 신경과학자 존 도너휴John Donoghue 박사가 이끄는 브레인게이트BrainGate 팀이 주도한 연구였지요. 당시 58세의 사지마비 환자 허친슨씨는 머리에 심은 전극시스템을 통해 생각만으로 로봇 팔을 움직여 보온병의 커피를 마실 수 있었는데요. 그런데 여기서 의문이 생깁니다. 사지마비 환자는 원숭이처럼 실제 팔을 움직일 수 없어 뇌의 신경신호 스파이크 집단 패턴(집단부호화) 분석이 어려웠을 텐데 어떻게 BMI가 가능했을까라는 것이지요.

| 허친슨 씨가 생각만으로 보온병의 커피를 마시는 모습 |

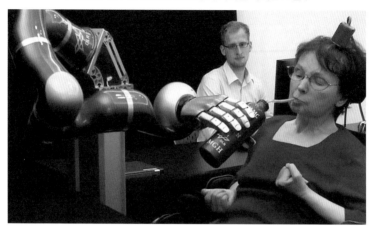

여기에는 거울신경세포mirror neuron 이론이 힘을 발휘했습니다. 거울 신경세포는 자신이 특정한 움직임을 수행할 때와, 다른 개체의 특정한 움직임을 관찰할 때 모두 활성화되는 신경세포를 가리키는데요. 예를 들어 아기들은 어른들의 행동을 관찰할 때 발생하는 거울신경세포의 활동을 통해 어른들의 행동을 배울 수 있습니다. 부모가 "엄마" 하고 소리를 내며 말하는 입술 모양을 보고 아기의 뇌 거울신경세포가 활동하여 소리와 입술의 움직임을 학습하고, "엄마" 소리를 내며 말을 따라할 수 있게 되는 것이지요. 마찬가지로 사람에게 다른 사람의 팔이 움직이는 모습을 보여주면 실제 팔을 움직였을 때와 비슷한 신경신호 스파이크 집단 패턴이 발생하게 됩니다.

이 거울신경세포 이론을 기반으로 사지마비 환자에게 다른 사람의 팔 움직임을 보여 주고 이때 발생하는 신경신호를 측정해 환자의 손

교실 밖에서 듣는 바이오메디컬공학

움직임과 관련된 스파이크 집단패턴을 찾아낼 수 있었던 것이지요. 그리고 이렇게 뇌에서 측정된 스파이크 집단패턴을 로봇 팔에 적용하여 움직이게 한 것입니다. 물론 처음부터 잘 되지는 않지만, 로봇 팔이 움직이는 모습을 보면서 계속해서 훈련을 하게 되면 환자는 점점 자신의 생각만으로 스파이크 집단패턴을 정교하게 만들어 낼 수 있게 됩니다. 계속된 연구 끝에 2021년 브레이게이트 팀은 사람에게 적용 가능한 무선 BMI 시스템을 선보이기도 했습니다.

일론 머스크는 브랜드 테슬라를 통해 전 세계에 전기자동차 붐을 일으켰지요. 2021년 현재 전기차는 이미 현실에서 대중화되었습니다. 머스크는 그다음 목표로 인간의 뇌에 도전장을 내밀었고 이미 BMI에 대한 세계인의 관심을 모으는 데 성공했습니다. 10년 전만 하더라도 아주 먼 미래의 일이라 생각했던 BMI 기술이 전기차처럼 머지않아 현실이 될 수 있지 않을까 하는 기대가 생기는 순간입니다. 우리의 생각만으로 주위의 전자제품을 자유자재로 컨트롤 할 수 있게 된다면 우리의 일상은 어떻게 바뀔까요?

뇌-기계 인터페이스를 구현하기 위해서는 다양한 분야의 학문이 함께 해야 합니다. 신경신호 측정을 위한 전자공학, 재료공학, 뇌공학이 필요하고, 신호분석을 위한 컴퓨터공학과 바이오메디컬공학, 로봇 팔 제어를 위한 기계공학과 제어공학, 전극 삽입 수술을 위한 의학 등이 결합된 융합적 연구가 필요합니다. 이러한 다양한 학문들에 전문성을 가진 인재로 성장한다면 여러분들도 BMI의 완성에 있어 큰 역할을 할 수 있을 것입니다.

6

'뇌' 맘대로 움직이는 세상

○
○
○

뇌-컴퓨터 인터페이스

1988년은 우리나라 국민이라면 누구나 알고 있듯이 88 서울올림픽이 개최되었던 해입니다. 같은 해, 영국에서는 갑자기 등장한 한 권의 과학책이 그 해 최고의 베스트셀러에 등극했는데요. 바로 우리나라에도 잘 알려진 『시간의 역사A brief History of Time』라는 책입니다. 중학생이 읽기에는 다소 어려운 책이었지만 멋들어진 표지의 책을 꺼내 들고 '고고한 지성'을 과시하고 싶던 중2 학생들이 많이 사서 보던 책이었습니다. 물론 저도 그중 한 명이었음을 부인하지는 않겠습니다.

30년도 더 지난 지금, 책의 내용은 거의 기억이 나지 않지만, '스티븐 호킹'이라는 천재 물리학자의 이름은 그 후에도 오랜 기간 동안 저의 뇌리에 남아 있었던 것 같습니다. 인터넷과 통신이 발달되지 않았

던 당시에는 호킹 박사가 루게릭병이라는 끔찍한 퇴행성 뇌질환을 앓고 있으며『시간의 역사』를 쓰기 위해 얼굴 표정의 변화나 두 손가락의 미약한 움직임을 이용해서 힘겹게 문자를 선택하는 특수 보조장치의 도움을 받았다는 사실을 전혀 알지 못했습니다. 루게릭병이 온몸의 근육이 굳어가고 결국 호흡 근육까지도 마비되어 호흡기의 도움 없이는 살아갈 수 없게 되는 끔찍한 질병이라는 사실을 알게 된 것도 제가 뇌-컴퓨터 인터페이스Brain-Computer Interface, BCI 연구를 시작한 이후의 일이었지요.

루게릭병의 정식 명칭은 근위축성 측색 경화증Amyotrophic Lateral Sclerosis, ALS입니다. 전 세계적으로 약 30만 명의 환자가 있다고 알려져 있는데 병에 걸린 뒤 시간이 지남에 따라 근육 운동 기능을 점진적으로 상실하기 때문에 환자들마다 증상의 양상이 매우 다양합니다. 초기에는 다소 어색해도 손발을 사용하거나 걸어다니는 것이 가능하지만 중기 이후에는 걷거나 말을 하는 것이 어려워집니다. 말기에는 자가 호흡이 불가능해지며 전신의 근육이 마비되어 의사소통이 어려운 상태가 되지요. 특이한 사실은 자가 호흡이 어려워진 상태가 되더라도 거의 대부분의 루게릭 환자가 눈동자를 움직일 수 있다는 것입니다. 따라서 말기 루게릭병 환자가 의사소통을 할 수 있는 거의 유일한 방법은 눈동자의 움직임을 추적하는 것입니다.

눈동자의 움직임을 추적하는 기술은 이미 개발돼 있는데요. 바로 '안구 마우스eyeball mouse'라고 불리는 장치를 이용하면 됩니다. 카메라로 눈동자를 추적하거나 안구전도electrooculogram, EOG라고 불리는, 안구 주위에서 측정되는 생체신호를 이용하면 눈동자의 움직임을 통해서 간단한 의사소통이 가능합니다. 그런데 루게릭병 환자들도 시간이 지나 증상이 더욱 심해지면 눈동자를 움직이는 것조차 어려워집니다. 많은 경우에 루게릭병 환자들은 여전히 앞은 볼 수 있어도 눈동자의 움직임이 느려지고 눈을 깜빡이는 것이 힘겨워지죠. 이런 환자들은 더 이상 안구 마우스를 이용해서 세상과 소통할 수 없게 됩니다.

이제 이들이 세상과 소통할 수 있는 유일한 방법은 바로 자신의 '뇌'를 이용하는 것뿐입니다. 뇌공학자들은 이처럼 세상과의 소통이 단절된 사람들을 위해서 뇌에서 발생하는 뇌파신호를 해독해 컴퓨터나 기계를 조작하는 '뇌-컴퓨터 인터페이스' 기술을 개발하고 있습니다.

교실 밖에서 듣는 바이오메디컬공학

뇌파를 읽어 컴퓨터를 조작하다

뇌파를 읽어서 컴퓨터를 조작할 수 있을 것이라는 아이디어를 처음으로 발표한 사람은 미국 UCLA의 컴퓨터공학자였던 자퀴스 비달 Jacques Vidal 교수였습니다. 비달 교수의 초기 연구는 하이브리드 컴퓨터 시스템처럼 인간의 뇌와는 전혀 관계없는 것들이었습니다. 그러던 그가 인간의 뇌에 갑자기 관심을 갖게 된 것은 자신의 연구실 인근에 있던 UCLA 뇌연구소의 수장인 호세 세군도Jose Segundo 교수를 만나면서부터였습니다. 비달 교수는 자신의 컴퓨터공학 지식과 세군도 교수에게서 얻은 뇌과학 지식을 접목해서 뇌에서 발생하는 신호인 뇌파를 컴퓨터로 분석하고 이를 이용해서 다른 사람들과 의사소통을 할 수 있을 것이라는 혁신적인 아이디어를 내었는데요. 이를 뇌-컴퓨터 인터페이스라고 불렀습니다.

1973년, 비달 교수는 자신의 아이디어를 정리한 24페이지 길이의 논문을 『연례 생체물리 및 생체공학 리뷰Annual Review of Biophysics and Bioengineering』라는 학술지에 게재했지만 당시의 컴퓨터 기술로는 비달 교수의 아이디어를 실제로 구현할 수가 없었습니다. 비달 교수는 첫 논문을 발표하고 4년이 지난 1977년이 되어서야 자신의 아이디어를 실제로 구현할 수 있었습니다. 1977년은 최초의 개인용 컴퓨터인 애플II Apple II가 발표된 해이기도 합니다. 그는 미국 『전기전자공학회 회보Proceedings of the IEEE』에 발표한 논문에서 현대의 뇌-컴퓨터 인터페이스

| 최초로 BCI 기술을 제안한 비달 교수의 논문 |

TOWARD DIRECT BRAIN-COMPUTER COMMUNICATION 9027

JACQUES J. VIDAL[1]

Brain Research Institute,
University of California, Los Angeles, California

TOWARD DIRECT BRAIN-COMPUTER COMMUNICATION

JACQUES J. VIDAL

Electroencephalographic or EEG signals collected on the human scalp are sustained fluctuations of electrical potential that reflect corresponding variations in the upper layers of the brain cortex below the scalp surface. The signal structure is that of a stochastic time series with almost stationary epochs of various lengths separated by sharper transitions or disruptions. Amplitudes are small (up to a few tens of microvolts) and spectral decomposition reveals that very little power remains at frequencies above 30 Hz. Most of it is contained at very low frequencies (< 1 Hz) and within the narrow bands of specific rhythms (and particularly of the 8-13 Hz alpha rhythm) that appear and disappear somewhat randomly in time. Signals collected on two or more electrodes exhibit changing levels of correlation, due either to physical proximity (that is, sharing of immediate influences from the cortical surface) or to actual coordination between different cortical sites, thus reflecting shared neuron activity within the brain itself. Spectral content and correlation have been related to various emotional and behavioral states.

Imbedded in this sustained "spontaneous" or "ongoing" electrical activity, short, distinctive (0.5-2 sec) waveforms can be found that are evoked, for instance, when a brief sensory message (stimulus) such as a brief illumination of the visual field or a tap on the forearm is received by the subject. These "evoked responses" are small (a few microvolts) and somewhat buried in the ongoing activity. The characteristics of the stimulus determine the evoked potential waveform together with the stimulus "environment," such as the level of attention of the subject, the "expectation set," and the meaning of the stimulus in the context of the experiment.

Can these observable electrical brain signals be put to work as carriers of information in man-computer communication or for the purpose of controlling such external apparatus as prosthetic devices or spaceships? Even on the sole basis of the present states of the art of computer science and neurophysiology, one may suggest that such a feat is potentially around the corner.

기술에 견줘도 전혀 뒤처지지 않는 수준의 혁신적인 연구결과를 보고했습니다.

비달 교수는 왼쪽-오른쪽-위-아래 위치에 놓인 네 개의 시각 자극 중 하나를 바라볼 때 어떤 자극을 보느냐에 따라 뇌파 패턴이 달라진다는 사실을 활용해서 컴퓨터 화면의 커서를 위, 아래, 왼쪽, 오른쪽으로 움직이는 뇌-컴퓨터 인터페이스 시스템을 구현했습니다. 물론 비달 교수의 방식은 여러 번의 반복 시행을 필요로 했기 때문에 속도가 아주 느리고 정확도도 현재 쓰이는 방식에 비해서 현저하게 떨어지기는 했지만 최초로 동작하는 뇌-컴퓨터 인터페이스를 개발했다는 점에서 중요한 의미를 갖습니다.

교실 밖에서 듣는 바이오메디컬공학

훈련을 통해 조절이 가능한 뇌파?

비달 교수의 바통을 넘겨받은 차세대 BCI 연구자는 미국이 아닌 독일에서 나왔습니다. 그 주인공은 바로 노벨 생리의학상 후보에도 오르내리는 독일 튀빙겐 대학의 닐스 비르바우머Niels Birbaumer 교수입니다. 비르바우머 교수는 느린피질전위Slow Cortical Potential, SCP라는 뇌파에 주목했습니다. 느린피질전위는 SCP라고도 하는데요. SCP는 뇌파가 몇 초 동안 양극(+)이나 음극(-)을 띠며 천천히 변하는 현상을 나타냅니다. 아직도 발생 원리는 정확히 모르지만 전체적인 대뇌의 신경망 조절 기능을 반영하는 것으로 알려져 있습니다.

중요한 사실은 훈련을 통해서 사람이 SCP를 스스로 조절할 수 있다는 것입니다. 예를 들어 SCP가 변함에 따라 모니터 위에 그려진 동그라미의 색깔이 변한다고 가정해 봅시다. SCP가 양의 값을 가지면 동그라미의 색깔이 빨간색으로 변하고 음의 값을 가지면 파란색으로 변합니다. 물론 SCP의 절대값이 커질수록 더 진한 색을 나타내게 됩니다. 실험에 참가하는 사람들은 처음엔 어찌할 바를 몰라 하다가 우연히 특정한 심리 상태에 있거나 특정한 행동을 상상하거나 할 때 SCP가 변한다는 것을 스스로 깨닫게 됩니다. 대부분의 사람들은 누가 가르쳐주지 않아도 30분 정도만 훈련하면 자신의 SCP를 자유롭게 조절할 수 있게 된다고 합니다.

1980년대 중반, 비르바우머는 신경과 의사들과 교류를 시작했는데

| 닐스 비르바우머 교수 |

요. 그러던 중에 그는 루게릭병에 걸린 환자들을 접하게 됩니다. 그는 SCP를 이용하면 의사소통에 어려움을 겪는 루게릭병 환자를 도울 수 있겠다는 생각을 하게 됩니다. 그래서 아직 시각기능이 살아있는 중증 루게릭병 환자의 눈앞에 모니터를 가져다 놓고 환자의 두피에 전극을 부착했습니다. 그리고는 훈련을 통해 환자 스스로가 자신의 SCP를 조절하는 법을 배우게 했죠. 비르바우머는 환자에게 화면을 바라보면서 '네'라는 대답을 하고 싶으면 양극의 SCP를, '아니오'라는 대답을 하고 싶으면 음극의 SCP를 만들도록 지시했습니다. 비르바우머가 개발한 새로운 BCI 기술을 이용해서 루게릭병에 걸린 환자가 자신의 의지만으로 '네-아니오'의 의사표현을 하는 것이 가능해졌습니다.

중증 루게릭병 환자분들처럼 정신은 온전하지만 신체의 근육 움직임이 불가능해서 의사를 표현하지 못하는 상태의 환자를 감금증후군

locked-in syndrome, LIS 환자라고 하는데요. 비르바우머는 1990년대부터 지금까지 감금증후군 환자가 '네-아니오'의 의사표현을 할 수 있도록 도와주는 다양한 BCI 시스템을 개발하고 있습니다.

비르바우머는 실생활에서 '네-아니오'의 의사표현이 아주 중요하다고 생각했는데요. 실제로 그는 SCP를 이용한 첫 연구 이후에 진행한 그의 모든 연구에서 선택지를 4지선다나 5지선다로 늘리지 않고 오로지 '네-아니오'의 2지선다만을 고집했습니다. 아직도 그는 '네-아니오'의 의사소통만으로도 충분히 환자의 삶의 질을 높일 수 있다고 굳게 믿고 있습니다. 저도 개인적으로 비르바우머 교수의 의견에 동의하는데요. 예를 들어 환자는 너무 더운데 보호자가 이불을 자꾸 덮어 준다면 환자가 얼마나 고통스럽겠습니까? 이때, '지금 덥다'는 단순한 의사표현만 가능하더라도 환자의 행복감을 높여줄 수 있을 것입니다.

뇌파를 이용해 할 수 있는 일들

이처럼 뇌파를 이용한 BCI는 수술이 필요 없고 가격이 저렴하기 때문에 초창기 BCI 연구에서부터 많이 활용돼 왔습니다. 하지만 뇌파는 침습적인 방식에 비해서 해상도나 정확도가 떨어지기 때문에 휠체어나 로봇 팔과 같은 외부 기기를 제어하기에는 적합하지 않은데요. 물론 재활의학 분야에서는 유용하게 사용될 수 있습니다. 뇌졸중 환자

가 재활운동을 할 때, 단순히 신체 부위를 움직여주는 로봇에 수동적
으로 몸을 맡기지 않고 움직임을 직접 상상하면서 재활운동을 하면
효과가 더 높다는 연구결과가 많이 있습니다. 즉, BCI 기술을 통해 움
직이고자 하는 의도를 읽어내서 재활 로봇을 작동시키면 더 나은 재
활효과를 기대할 수 있다는 말입니다.

하지만 뇌파를 이용한 BCI의 가장 중요한 응용 분야는 역시 루게
릭병이나 뇌졸중 등으로 인해서 정상적인 방법으로 의사소통이 불가
능한 사람과 의사소통을 하는 것입니다. BCI를 활용해서 의사소통을
하는 방식 중에서 최근 가장 널리 연구되고 있는 것은 정신적 타자기
mental speller 응용입니다. 특정한 글자를 쳐다보는 것만으로 타이핑이
가능한 기술인데요. 한 글자를 1~4초가량 쳐다보면 타이핑이 되고 정
확도는 95퍼센트에 달합니다.

정신적 타자기를 구현하는 방식에는 크게 두 가지 방식이 있습니다.
하나는 P300이라는 뇌파를 이용하는 방식이고 다른 방식은 SSVEP라
는 뇌파를 이용하는 방식입니다. 두 방식 모두 특정한 패턴으로 깜빡
이는 시각 자극을 화면에 뿌려주는 방식인데요. 특정한 패턴으로 깜빡
이는 시각 자극을 쳐다보면 그 깜빡임 패턴이 우리 뇌의 시각피질에 있
는 신경세포의 활동에 반영이 돼서 독특한 패턴의 뇌파가 발생을 합니
다. 뇌파를 분석해서 어떤 패턴의 뇌파가 발생하는지 알아내면 사용자
가 어떤 시각 자극을 쳐다보고 있는지를 알 수 있지요.

그런데 시각기능을 잃어버린 환자는 어떻게 의사소통이 가능할까

요? 보통 이렇게 시각기능을 잃어버린 환자는 청각 BCI 기술로 의사소통을 시도합니다. 청각은 근육이 필요 없기 때문에 루게릭병에 걸린 환자도 마지막까지 사용할 수 있는 감각인데요. 왼쪽 귀와 오른쪽 귀에 서로 다른 소리를 들려 주고 어느 소리에 집중하고 있는지를 뇌파를 이용해서 파악하면 환자의 의사를 파악할 수 있지요. 하지만 이런 방식은 루게릭병에 걸린 환자분들에게는 잘 작동하지 않았는데요. 연구자들은 아마도 루게릭병에 걸리게 되면 청각 기능도 함께 나빠지는 것이 아닌가 생각하고 있습니다.

한양대학교 연구실에서는 2019년에 세계 최초로 감금증후군 환자의 자발적인 상상에 의해 예-아니오 의사소통을 할 수 있는 BCI 기술을 구현하는 데 성공했습니다. 환자분은 60세의 중증 루게릭병 환자로 가족이나 의료진과 1년 이상 의사소통을 전혀 하지 못하는 상태였습니다. 저희 연구팀은 환자분에게 '예'를 표현하기 위해서는 오른손을 움직이는 상상을 하게 하고 '아니오'를 표현하기 위해서는 암산으로 뺄셈을 하도록 부탁했습니다. 그리고 뇌파를 실시간으로 분석해서 환자분과 예-아니오 의사소통을 할 수 있었는데요.

하지만 물론 이 환자분에게 사용한 방식이 모든 환자에게 통한다는 보장은 없습니다. 때문에 의사소통을 위한 BCI 기술은 환자의 상태에 따라 가장 적합한 방식을 적용할 수 있도록 다양한 방식의 기술이 개발돼야 합니다. 환자의 사용 편의성이나 신뢰도를 높이기 위한 연구도 물론 계속돼야 하겠지요.

2011년에, 영국과 벨기에 연구팀이 식물인간으로 판정된 16명의 환자에게 손과 발의 움직임을 상상하라고 하자 그들 중 3명에게서 정상인과 비슷한 형태의 뇌파 반응이 관찰됐다고 보고했습니다. 과거에는 이처럼 정상적인 인지능력을 가지고 있음에도 불구하고 외부와 소통할 수 있는 길이 없어서 고통스럽게 생을 마감하는 일이 많았을 것입니다. 앞으로 BCI 기술이 실용화된다면 의식이 깨어 있는 식물인간 환자가 자신이 선택하지 않은 죽음을 맞는 일은 사라지게 될 것입니다.

바이오메디컬공학에서는 루게릭병과 같은 퇴행성 뇌질환 환자뿐만 아니라 다양한 신체 장애를 가진 환자의 삶의 질을 향상시키기 위한 여러 가지 보조기기 및 재활기기를 연구하고 있습니다. 의학 기술의 발전으로 평균 수명이 계속해서 늘어나고 있지만 수명 연장보다도 더 중요한 것이 바로 '건강하게' 오래 사는 것입니다. 바이오메디컬공학은 인류의 건강 수명 연장을 위해 끊임없이 새로운 기술을 개발하고 있습니다.

교실 밖에서 듣는 바이오메디컬공학

4부

예방에서 치료까지,
나만의 주치의를 만나다

1

내 손 안의 작은 병원

○
○
○

원격진료와 U-healthcare

'전염병이 창궐하던 시대'라는 표현은 중세시대나 19세기 이전의 이야기인 줄 알았는데, 21세기를 살고 있는 우리도 코로나19로 인해 새로운 생활 형태를 맞이하고 있지요. '비대면'이라는 개념도 이렇게 나타난 큰 변화 중 하나입니다. 비대면 수업, 비대면 배달, 비대면 주문 등직접 만나지 않고 서비스를 제공받는 시스템이 이와 함께 급성장했는데요. 이런 팬데믹 시기에 의료 서비스도 비대면으로 받아볼 수 있다면 어떨까요?

특히 감기 기운으로 이비인후과에 가게 되면 증상이 코로나19와 크게 다르지 않다 보니, 요즘은 혹여나 싶은 마음에 단순 진료를 위해 병원에 가는 것이 조심스러워질 때가 있습니다. 이때 비대면으로 진료를 받아볼 수 있다면 감염의 확산도 막을 수 있고, 바쁜 직장인들은 손쉽게 진료를 볼 수 있어 여러모로 편리하겠지요. 이런 바람과 함께 코로나19를 계기로 비대면 진료가 자리를 잡아가고 있기도 합니다. 그런데 사실 비대면 진료는 '원격의료'라는 이름으로 팬데믹 이전부터 있었던 개념인데요. 생각보다 역사가 짧지 않습니다.

어플 하나로 진료와 처방까지

원격진료의 역사는 70여 년 전으로 거슬러 올라갑니다. 우리나라에서는 원격진료가 아직 낯선 개념이지요. 하지만 인구가 많고 땅이 넓은 미국에서는 병원이 가깝지 않은 지역에 살게 되는 경우가 많기도 하고, 의료비가 비싸기 때문에 일찍부터 원격진료 시스템이 자리 잡았습니다. 1950년대에 의료시설이 낙후된 지역에 살고 있는 주민들을 위해 처음으로 전화진료를 한 것이 그 시작이었지요. 이어 1960년대에는 미국 항공우주국NASA의 우주 탐사대원들을 위한 화상진료를 시작하고, 통신 기술이 발전하면서 원격진료 기술도 함께 발전합니다. 1993년에는 미국원격의료협회가 설립되면서 일반 국민들에게도 전화를 이용한 원격진료가 도입되었는데요. 하지만 대면진료만큼 모든 진료 범위를 아우를 수는 없기 때문에 확실한 필요가 있는 사람들만 주로 사용해왔습니다. 하지만 최근 미국의 코로나19 팬데믹 상황

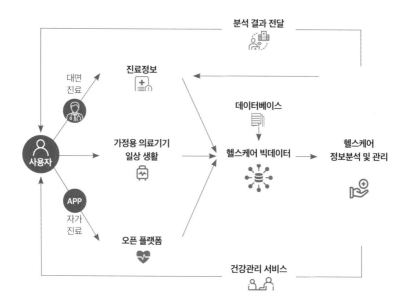

이 특히 어려워지면서 원격진료를 받는 사람들의 비율이 코로나 이전 0.15%에서 13%로 늘었다는 보고가 있습니다.

이렇게 팬데믹을 계기로 원격진료는 이제 피할 수 없는 미래 의료 시스템으로 부상하고 있습니다. 덕분에 미국의 대표적인 원격진료 플랫폼 회사인 텔라닥TelaDoc은 최근 급성장하여 현재 시가총액 20조 원 이상의 회사로 성장했지요. 텔라닥은 스마트폰 어플로 간편하게 사용할 수 있는 시스템인데요. 텔라닥에서 원격진료를 받을 경우 대면진료에 비해 50% 정도 저렴한 가격에 진료를 볼 수도 있고 보험 적용도 바로 가능합니다.

사용 방법도 간단합니다. 어플에서 개인 계정을 만든 후에 진료를 원하는 시간, 증상 및 필요한 영상을 올려 놓으면 3,000여 명의 전문의 중 한 명과 연결되어 10분 안에 바로 원격진료가 시작되는데요. 결제도 어플 내에서 할 수 있어 모든 진료 과정을 어플로 끝낼 수 있습니다. 특히 24시간 휴일없이 운영된다는 장점이 있어 밤 시간 응급실에 방문해 비싼 진료비를 내야 하는 경우도 줄일 수 있지요. 위급한 질환이 아닐 경우 시간과 비용 모두를 아껴주는 시스템입니다. 텔라닥의 회원수는 팬데믹을 계기로 7,000만 명으로 늘었다고 합니다.

프랑스 또한 팬데믹을 계기로 원격진료가 크게 자리잡은 국가 중 하나인데요. 미국처럼 특수한 환경이 아닌데도 프랑스의 원격진료가 성장하게 된 이유는 의사 인력이 부족한 데다 대면진료를 꺼리는 환자들이 많기 때문입니다. 미국의 텔라닥이 원격진료의 주요 플랫폼이라면 프랑스의 대표적 원격진료 플랫폼은 독토리브Doctolib인데요. 독토리브 역시 텔라닥과 마찬가지로 어플을 통해 접속하여 진료를 받는 방식을 사용합니다. 처방전도 온라인으로 받아볼 수 있고, 여러 나라 출신의 사람들이 함께 사는 프랑스이다 보니 의사가 구사할 수 있는 언어도 선택할 수 있습니다. 백신 접종율이 높아져서 위드코로나 시대로 가고 있는 지금에도 환자의 30%가 계속해서 원격진료를 받고 있고, 전 국민의 20% 정도가 한 번쯤 원격진료를 경험했다고 하니 그 성장세가 놀랍지요.

중국, 일본과 같은 국가들도 팬데믹을 계기로 원격진료가 급격히 성장하고 정착했는데요. 미국의 시장조사기관인 글로벌 마켓 인사이츠Global market Insights에 따르면 팬데믹 이후 전 세계적으로 원격의료 시장이 연 21.4%씩이나 성장했다고 합니다. 다가오는 2026년에는 시장 규모가 무려 1,755억 달러에 이르고, 미국에서는 외래진료 중 원격진료의 비율이 70% 이상에 이를 것으로 전망하고 있습니다. 우리나라는 병원 접근성이 높다는 이유 등으로 아직 원격진료가 허가되어 있지 않은 상황인데요. 우리나라 역시 이러한 세계적인 흐름에서 벗어나기는 쉽지 않을 것으로 생각됩니다.

모두에게 윈-윈인 원격진료

팬데믹이 일상화된 이후에도 원격진료에 대한 수요가 늘어나고 있는 이유는 무엇일까요? 바로 원격진료만이 가진 장점이 확실하기 때문입니다. 어플 하나로 언제든지 진료를 볼 수 있어 편리할 뿐만 아니라 비용도 저렴하고 시간도 아낄 수 있기 때문이지요. 이러한 장점은 비단 진료를 받는 환자들에게만 해당되는 것은 아닙니다. 의사의 경우에도 진단결과가 확실하지 않을 때 다른 의사의 2차 소견을 들을 수 있어서 진료의 정확성을 높일 수가 있지요. 이뿐만 아니라 원격진료를 전문으로 하는 의사는 멋진 인테리어에 좋은 입지를 갖춘 의원을 개원할 필요 없이 온라인 매장을 운영하는 자영업자처럼 작은 공유 오피스 한 칸에서도 충분히 진료를 할 수 있게 됩니다.

그런가 하면 원격으로만 진료가 가능한 상황들도 있는데요. 낙도나 산간 벽지에 있는 환자들, 원양어선의 선원이나 경계선 근무를 하는 군인들처럼 의료진과 멀리 떨어진 곳에 머무르는 경우에는 원격진료를 통해 필요할 때 즉시 진료를 받을 수 있지요. 또 코로나19 같은 전염병이 요양소나 구치소 등에 집단으로 발생해 환자가 격리되는 경우처럼 특수한 상황에서는 원격의료가 진료를 위한 유일한 방법이 될 수도 있습니다.

만성질환자들도 원격진료를 통해 많은 혜택을 볼 수 있는데요. 병원을 방문하는 환자들 중에서는 응급한 처치나 수술을 필요로 하거나

특수한 검사를 할 필요가 없는 경우도 많지요. 특히 고혈압, 당뇨병과 같은 만성질환을 가진 환자의 비율은 병원을 찾는 전체 환자의 30%가 넘을 정도로 많습니다. 대부분의 만성질환자는 혈압이나 혈당 측정과 같이 일상적인 검사를 받거나 처방약을 받아오는 등의 반복적인 진료를 받기 위해서 병원을 방문합니다. 고작 수분 남짓한 짧은 진료를 위해서 많은 시간을 투자해 병원을 다녀오는 것이지요. 직장인이라면 최소 반나절 휴가를 내야 할 때도 있고, 어르신들의 경우에는 보호자가 한나절 동행을 해야 진료가 가능한 경우도 많습니다. 이런 만성질환자들에게 원격진료는 삶의 질을 크게 높여줄 수 있겠지요.

현재의 바이오메디컬공학 기술을 이용하면 이러한 일상적인 검사와 진료를 원격으로 받는 것이 어렵지 않아 보입니다. 최근에 나온 혈압계나 혈당측정기 등은 가정에서 손쉽게 혈압이나 혈당을 측정할 수 있고 측정한 데이터를 스마트기기에 자동으로 저장할 수 있습니다. 이런 제품은 인터넷 쇼핑으로도 쉽게 구매할 수가 있지요. 이렇게 쌓인 데이터를 의료진에게 전송해 화상으로 진료를 받고, 처방약까지 택배로 받을 수 있다면 몇 시간을 걸쳐 기다리는 3분의 진료보다 더 효율적인 진료를 언제 어디서나 받을 수 있게 됩니다.

다만 원격진료의 단점을 극복해 줄 수 있는 장치나 제도가 함께 개발되거나, 도입되어야 더 안전한 진료를 받을 수 있겠지요. 직접 대면하는 진료가 아니기에 정확성이 떨어지거나 오진의 비율이 높아질 수 있기 때문입니다. 상대적으로 편리한 약 처방을 악용해 문제가 생길 가능성 등도 염두에 두어야 할 것입니다.

질병의 예방까지 책임지는 유헬스

앞에서 살펴보았듯이 수술이 필요하거나, 위급하거나, 의사의 직접 진료가 필요한 경우에는 병원에 가야 하기에 모든 진료를 원격으로 대체할 수는 없습니다. 원격진료는 진료의 사각지대를 채워주는 역할과 만성질환자에게 진료의 편의성을 제공하는 역할을 하는, 대면진료와 같이 가야 하는 개념이지요.

더 나아가 원격진료를 통해 질병의 치료에서 '예방'까지 이어질 수 있다면 더할 나위 없겠지요. 이를 아우르는, 더 확장된 진료 개념이 바로 유헬스U-healthcare입니다. 유헬스에서의 'U'는 Ubiquitous로, '언제 어디서나'라는 의미의 영어 단어입니다. 헬스케어healthcare는 아픈 사람을 돌보는 의료medical treatment보다 확장된 개념으로, '아프지 않는 것'까지 포함된 건강관리를 의미하는 단어이지요. 유헬스란 언제 어디서나 아프지 않게 몸의 상태를 관찰하고, 아픈 경우 환자가 있는 곳에서 빠른 시간 내에 적절한 조치를 받을 수 있도록 돕는 건강관리 시스템을 의미합니다.

유헬스가 가능하려면 여러 기술들이 필요합니다. 가장 먼저는 언제 어디에서나 우리 몸의 상태를 측정해줄 수 있는 기기가 필요하지요. 우리 몸의 상태를 면밀히 체크해줘야 하기 때문에 웨어러블 디바이스일수록 측정할 수 있는 요소들이 많을 것입니다. 요즘 많은 사람들이 차고 다니는 스마트워치가 웨어러블 측정 기기로 각광을 받고 있습니다. 사용자의 편의를 위한 기기인 데다 심박수, 수면 흐름 등 우리 몸의 상태 측정까지 해줄 수 있어 더욱 안성맞춤이지요. 이런 웨어러블 디바이스에는 우리 몸에서 나오는 다양한 생체신호(심전도, 뇌파, 혈압, 혈당 등)를 감지할 수 있는 '센서' 기술이 필수적입니다.

스마트워치 외에도 다양한 형태의 웨어러블 디바이스들이 개발되고, 병원이 아닌 곳에서 전문 의료진이 없이도 몸 상태를 좀 더 정밀하게 측정할 수 있는 개인 영상장비가 개발된다면 더 많은 질병을 미리 진단하고 예방할 수 있겠지요.

교실 밖에서 듣는 바이오메디컬공학

| 샌디에고대학에서 개발한 쿨링 패치: 온도를 감지해 자동으로 체온을 조절한다 |

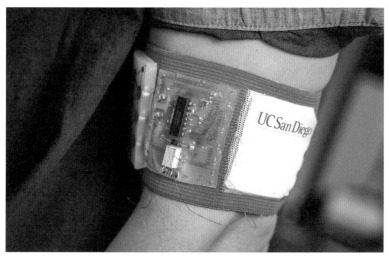

이와 함께 측정기기가 24시간 측정하는 엄청난 양의 생체정보들을 전송하고 보관할 기술이 필요한데요. 개인의 건강을 나타내는 정보는 매우 중요하기 때문에 이를 전송하고 저장할 때 오류가 없어야 합니다. 보안이나 인증 등 정보통신 분야의 고도 기술이 필요하지요. 그리고 이러한 생체정보가 어떤 사람에게서 어느 부위에서 측정한 것인지를 알기 위해서는 각각의 측정기기가 서로 연결돼야 하는데요. 이를 가능하게 하는 기술에는 사물인터넷Internet of Things, IoT이 있습니다.

사물인터넷은 무선통신을 통해서 각종 사물을 연결하는 기술을 뜻하는데요. 이러한 기술은 우리가 자주 사용하는 스마트폰, 스마트워치 등의 스마트기기에 적용될 가능성이 높습니다. 이렇게 스마트기기를 중간 매개체로 사용하면 센서나 어플을 이용해 내가 있는 장소의 위치나 온도, 습도, 기압, 조도, 미세먼지 농도와 같은 환경 정보도 함께 전송할 수 있겠지요.

마지막으로 이렇게 전송된 정보를 이용해 몸의 건강상태를 분석하여 알려주는 기술이 필요합니다. 24시간 매일 측정된 엄청난 정보를 의사가 모두 해석할 수는 없겠지요. 그래서 많은 데이터를 동시에 처리할 수 있는 인공지능을 이용한 분석이 필요합니다. 뿐만 아니라 다른 사람의 정보와 비교해서 나의 건강상태에 대해 가장 적합한 판단과 처치가 무엇인지를 알려주는 시스템이 필요하겠지요. 간단한 정보는 스마트기기에 들어가 있는 인공지능 프로그램으로 판단이 가능하겠지만 방대한 정보는 원격진료센터와 같은 별도의 장소로 전송해서 분석을 해야 합니다. 요즘은 스마트기기의 통신 속도가 빨라져서 거의 실시간에 가깝게 분석 결과를 받아보는 것도 가능합니다. 물론 분석 결과에 대한 최종적인 판단은 기계가 아닌 전문 의료진이 맡아야 하겠지만 말입니다.

유헬스 시스템이 상용화되면 내가 아플 때 병원에 가서 진료를 받는 것 이상의 건강관리를 시스템이 상시로 도와줄 것입니다. 건강에 해로운 주변의 위험 요소를 알려주고, 나의 움직임과 생체신호를 이용해서 심박수나 스트레스 상태 등 몸과 마음의 건강상태를 알려주는 것은 물론 평상시의 건강관리까지 도와줄 것입니다. 머지 않아 스마트워치와 같이 간편한 착용만으로 건강상태를 측정해 적절한 조치를 해주는 유헬스 시스템이 질병의 예방부터 치료까지 모두 책임져 줄

교실 밖에서 듣는 바이오메디컬공학

날이 오지 않을까요? 원격진료를 비롯한 유헬스 시스템이 상용화되면 개인의 삶의 질은 물론 의료로 소비되는 사회적 비용 등 많은 부분에서도 혜택을 보게 될 것입니다.

내가 아프면 언제 어디서든 진료를 받을 수 있는 세상이 오면 얼마나 좋을까요? 무엇을 공부하면 이러한 유헬스의 세상을 만들 수 있을까요? 초소형 센서를 만드는 기술, 측정된 신호를 전송하고 분석하는 기술, 분석한 정보를 이용해서 우리의 몸의 상태를 알 수 있고 진단하는 기술 등이 계속해서 개발되고 연구되어야 할 것입니다.

미래의 첨단 의료기술 개발을 위해서는 위와 같이 다양한 분야를 아우르는 융합 인재가 필요합니다. 각각의 분야에 능숙하면서도 이를 융합하여 시너지를 내는 과학 인재가 계속해서 양성될 수 있는 시스템 또한 필요하겠지요.

2

함께 자고, 먹고, 일하는 기기

○
○
○

웨어러블 헬스케어

이번 2020 도쿄올림픽에서는 선수들이 손목에 밴드를 착용하고 있는 것이 화제가 되었는데요. 양궁이나 골프 경기 등에서 선수들의 심박수를 측정해 보여주는 것이 이 덕분에 가능했습니다. 특히 우리나라의 양궁 선수들이 금메달 결정전에서도 심박수의 흔들림 없이 경기에 임하는 것이 인기 장면으로 꼽히기도 했지요.

이 밴드는 스포츠 웨어러블 기기를 만드는 미국의 스타트업 후프Whoop가 만든 '후프 스트랩'이란 제품입니다. 심박수와 같은 생체신호를 모니터링할 뿐만 아니라 수면, 긴장상태 등을 파악하며 전반적인 헬스코칭을 해 주는데요. 영양제나 처방 받은 약의 성질까지 체크해 주어 운동선수들에게 인기가 있다고 합니다.

| 산소포화도를 측정하는 스마트워치 |

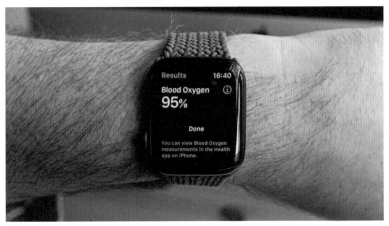

앞서 '유헬스'의 상용화를 위해서는 이렇게 언제 어디서든 우리 몸에서 일어나는 변화를 측정할 웨어러블 디바이스가 필수적이라고 설명했는데요. 현재 웨어러블 디바이스 분야에서는 우리가 잘 아는 스마트워치에서부터 헤어밴드, 이어폰, 반지, 옷, 신발 등의 모습으로 다양한 형태의 생체신호를 감지하는 센서 디바이스가 만들어지고 있습니다. 이러한 웨어러블 디바이스들이 우리 몸의 어떤 생체신호들을 체크해주고 있는지 한번 알아볼까요?

현재 가장 보편적으로 많이 사용되고 있는 웨어러블 디바이스는 단연 스마트워치입니다. 10년 전만 해도 걸음수를 측정하는 만보기의 대용품 정도였던 스마트워치는 이제 맥박, 심전도, 혈압, 혈당과 같이 병원에서 가장 중요하게 생각하는 기본적인 생체정보를 측정할 수 있는 장치로 발전했습니다. 주기적으로 내 심장의 상태와 혈액 내

산소량을 측정하여 내가 스트레스를 받는지, 심장과 폐의 기능이 잘 작동하는지를 알려주는 것은 물론 낮에 얼마나 활동을 하고 있는지를 자동으로 측정해서 적당한 운동을 할 것을 권유하기도 하지요.

이 외에도 적외선 심박센서와 가속도계를 이용해 심박수와 운동량를 측정하는 스마트링, 뇌파를 측정하여 스트레스 정도나 감정상태를 알 수 있는 헤어밴드, 손가락의 움직임이나 땀이 나는 정도를 측정하여 재활에 활용하거나 긴장도를 측정하는 글러브, 심전도나 움직임, 산소포화도 등의 심폐기능을 측정하여 응급상황을 예측 가능하게 하는 옷 등 다양한 형태의 웨어러블 디바이스가 있습니다. 비만이나 부정맥, 고혈압, 당뇨병 등 만성질환을 가진 환자들에게 일상 건강관리 서비스를 제공할 수 있는 기기들이지요.

이뿐만 아니라 웨어러블 디바이스는 우리가 잘 자고 있는지, 생활에서 스트레스를 받고 있는지, 운전 중 졸고 있는지 등도 측정할 수 있습니다. 심지어 게임을 하면서 흥미를 가지고 게임을 하는 것인지 게임중독 상태로 무의미하게 게임을 하고 있는지도 체크하여 게임을 중단시키는 기능도 가능합니다.

앞으로 이런 웨어러블 디바이스들에 추가될 만한 기능들로 혈압 측정, 혈당 측정과 같은 기능들이 연구되고 있는데요. 이렇게 다양한 기능들이 추가된다면 심장이나 뇌 기능이 잘 작동하는지를 24시간 모니터링해서 응급한 상황이 발생하면 필요한 조치를 취할 수 있는 기능도 갖출 수 있을 것으로 예상됩니다.

진화하는 웨어러블 디바이스

웨어러블 디바이스는 모양 면에서도 진화를 거듭하고 있습니다. 생체신호를 가장 잘 측정할 수 있는 부위에 일회용 밴드처럼 부착할 수 있는 패치patch 형태로 만들어져서 본인이 착용하고 있는 것 자체를 느끼지 못하게 하는 시스템으로까지 발전하고 있는데요. 대표적인 예가 한 번 부착하면 일주일에서 한 달간 심전도를 측정해주는 심전도 패치입니다.

심전도 패치는 부정맥 환자들에게 도움이 되는 웨어러블 기기입니다. 부정맥은 심장의 전기적인 활동 이상으로 심전도에 이상한 파형이 보이는 현상인데요. 그런데 이런 현상이 지속적이지 않고 가끔 발생하는 경우가 대부분이어서 심전도계를 24시간 동안 착용하여 그 빈도와 정도를 알아내는 것이 일반적인 검사 방법이지요. 그런데 이 24시간 측정으로도 부정맥을 측정하지 못하는 경우가 많습니다. 하지만 부정맥은 심근경색, 혈전으로 인한 뇌졸중, 심장마비처럼 생사를 가름하는 중대한 상황을 일으킬 수 있기에 가능하면 24시간보다 더 장시간 측정하여 정확한 진단을 하는 것이 매우 중요합니다.

다음 페이지 그림에서 볼 수 있는 것처럼 기존의 심전도계는 측정 장치가 크고 불편한 데다 심전도를 연속 측정할 수 있는 시간도 24시간밖에 되지 않기 때문에, 이를 보완하고자 샤워 등 일상생활 중에도 불편함 없이 일주일 이상 연속 측정할 수 있는 심전도 패치가 개발된 것이지요.

| 홀터심전도계 |

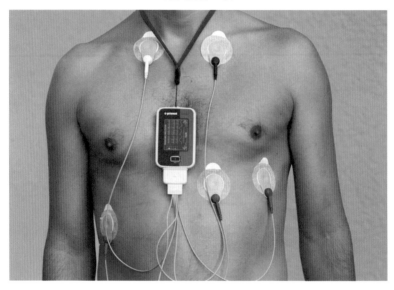

　심전도 패치와 심전도계 모두 심전도를 측정하기 위해 전극과 측정 및 저장 시스템으로 구성되어 있는 것은 동일한데요. 센서인 전극이 심장에서 발생하는 전기신호(심전도)를 피부에서 측정해서 미세한 신호를 증폭하고 저장하는 시스템입니다. 그런데 심전도 패치가 어떻게 이렇게 얇고 작은 형태로 제작될 수 있었던 것일까요? 바로 반도체 제작 기술을 이용한 미세전자기계기술micro-electro-mechanical systems, MEMS과 같은 초소형 시스템 제작 기술이 크기를 줄이는 데 한 몫을 했습니다. 또 24시간이 아닌 일주일 이상 연속 측정할 수 있게 된 것은 요즘 전기차 등에 이용되는 고성능의 초소형 2차전지 기술이 적용된 덕분이었지요.

교실 밖에서 듣는 바이오메디컬공학

이에 더해 최근에는 전자회로를 유연하고 얇게 만드는 기술flexible electronics이 발달하여 다양한 생체신호를 측정할 수 있는 장치가 테이프 형태로 개발되고 있는데요. 이를 전자피부electronic skin, e-skin라고 부르기도 합니다. 이러한 생체신호 측정용 전자피부는 사람의 생체정보를 측정하는 데도 사용되지만, 인간형 로봇이 감각을 느낄 수 있게 하는 인공피부로도 사용이 가능하기 때문에 활발한 연구가 이루어지고 있습니다.

한계를 넘어 일상의 한 부분까지

심혈관게 질환뿐 아니라 많은 사람들이 앓고 있는 만성질환으로 대표적인 것이 있다면 바로 당뇨병이지요. 당뇨병을 관리하기 위해서는 혈당 체크가 필수적입니다. 많은 사람들이 아직 혈당을 자가 체크하기 위해 직접 주사바늘로 피부를 찔러 혈당을 체크하는 방법을 사용하고 있는데요. 특히 혈당을 낮추어 주는 인슐린이라는 호르몬이 선천적으로 분비되지 않는 1형 당뇨병 환자의 경우, 일생 내내 이런 방식으로 하루에 수차례씩 혈당을 측정해야 합니다.

이런 불편함 없이 웨어러블 디바이스를 통해 혈당을 주기적으로 체크할 수 있다면 얼마나 좋을까요? 현재 이를 위해 피부에 붙이는 혈당측정장치나 콘택트렌즈 형태의 혈당측정장치가 연구되고 있지만 아직은 한계가 많습니다. 피부에 부착하는 혈당측정장치의 경우에는 다양한 파장(색)의 빛을 귀나 손가락에 투과시켜 변화된 광학신호(빛)를 분석하는 방법으로 혈당을 체크하는데요. 실험실 환경에서는 어느 정도 측정이 가능합니다. 하지만 피부의 온도나 습도, 청결도, 움직임처럼 주위의 환경이 변하거나, 혈당이 아닌 혈액의 다른 성분이 변화하거나, 피부 색소가 변하면 측정값에 오차가 생기기 때문에 아직까지는 일상적인 사용이 불가능합니다.

콘택트렌즈 형태의 혈당측정장치는 눈물에 포함된 포도당의 농도를 통해 혈당을 추정하는 장치인데요. 눈물의 포도당 농도와 혈액의 포도당 농도가 어느 정도 비례하기 때문에 가능한 기술입니다. 하지만 사람이나 상황마다 둘 사이의 관계가 변할 수 있기 때문에 역시 일상적인 사용에는 문제가 있습니다. 이런 한계점을 극복하기 위해 주사를 통해 몸속에 집어넣어 영구적으로 혈당을 측정하는 초소형 혈당측정장치와 같은 새로운 기술에 대한 연구가 계속되고 있지요. 많은 의료기기의 발명 역사가 그래왔듯이 초기의 이러한 문제점들을 잘 해결해서 편리하면서도 정확한 혈당측정장치가 개발되기를 기대해 봅니다.

이처럼 인체의 상태를 측정하는 다양한 웨어러블 디바이스가 의공학자들에 의해 개발되고 있는데요. 의공학자들이 꿈꾸는 웨어러블 디바이스의 최종적인 목표는 측정을 위해서 별도의 행위를 하지 않도록 하는 것입니다. 다시 말해 일상적으로 옷을 입고 신발을 신고 시계를 차고 있으면 원하는 생체신호가 측정되고 전송되어 우리의 상태에 맞는 서비스를 받는 것이지요. 특히 요즘 많은 의공학자들이 연구하는 '뇌기능' 측정에 있어서도 안경이나 모자를 쓰기만 하면 우리의 뇌 상태를 알아낼 수 있는 기술이 개발되고 있습니다.

생체신호를 측정하는 웨어러블 디바이스는 원격의료에만 사용되는 것일까요? 이 첨단기술은 우리를 지키는 군인들의 안전을 지키는 첨단기술로도 활용되고 있다고 합니다. 적진에 침투한 병사들이 지금 어디에 있는지, 신체에 손상이 있는지, 임무 수행이 가능한지, 의료진의 도움이 필요한 상태인지 모니터링 할 수 있습니다. 웨어러블 디바이스 기술은 이처럼 전투 중인 병사뿐만 아니라 화재현장의 소방대원, 범죄현장에 투입된 경찰관 등 우리를 위해서 수고하시는 많은 분들의 생명을 모니터링할 수 있는 소중한 기술입니다.

3

더 많은 정보, 더 나은 진단

:::

빅데이터와 디지털 헬스케어

최근 몇몇 대형병원의 건강검진센터에서 AI를 활용해 흉부 X-레이 영상을 판독하는 시스템을 도입했다는 소식이 있었습니다. 흉부 X-레이는 가벼운 건강검진에서도 자주 사용되는 검진 항목이어서 AI를 활용하여 영상을 판독하면 시간과 비용 면에서 의료진들의 수고를 크게 덜어줄 수 있기 때문이라고 합니다. 불과 수초만에 영상을 분석하는 것은 물론이고 심지어 판독의 정확도도 인간 의료진에 비해 높은 것으로 보고되기도 했는데요. AI를 활용해 먼저 폐에 질병 소견이 있는지를 확인한 후, 인간 의사가 그 결과를 한 번 더 확인하는 방법으로 판독을 하면 정확도가 더 높아진다고 합니다. 최근에는 코로나19 폐렴 진단에도 활용이 가능할 것으로 보고 있다고 하지요.

이렇게 AI를 비롯한 컴퓨터는 방대한 양의 정보를 짧은 시간에 분석할 수 있기 때문에 최근 의료 분야에서 역할의 범위가 점점 넓어지고 있습니다. 앞서 살펴본 웨어러블 디바이스만해도 지속적으로 생체 정보를 측정하기에 정보량이 방대하지요. 건강 진단에 필요한 정보를 수집할 때도 유전적 정보, 생활 환경 정보 등 함께 보아야 할 정보가 정말 많습니다. 말 그대로 '의료 빅데이터'라 불릴 만한 정보량이지요. 때문에 정확한 예측과 진단을 위해 컴퓨터, 특히 딥러닝과 인공지능 기법이 필요하게 되었습니다.

인공지능 의사가 진단한 암

인공지능 컴퓨터는 사실 10여 년 전부터 의료 분야에서 두각을 나타내 왔는데요. 대표적인 것이 2011년에 IBM에서 선보인 인공지능 의사 왓슨Watson입니다. 왓슨은 당시 세계 최고의 암 병원 중 하나인 미국의 MD앤더슨 암센터에서 400명의 환자의 검사 정보, 유전 정보 등을 이용해 백혈병의 진단과 치료 방법을 선택했는데요. 우려와 달리 82.6%라는 상당히 높은 정확도를 보였습니다.

최근에는 우리나라의 식약처에서도 인공지능 기술이 적용된 체외 진단용 소프트웨어를 최초로 허가했습니다. 이 소프트웨어는 전립선암의 조직 영상을 인공지능으로 학습하는 소프트웨어로 의료인이 전립선암을 진단하는 과정에서 보조적인 역할을 하는데요. 5년 이상의 경력을 가진 숙련된 병리의사의 진단결과와 무려 98.5%나 일치하는 결과를 얻어냈다고 합니다. 특히 숙련된 전문의가 없는 병원이라면 일반 의사보다 뛰어난 진단결과를 기대할 수 있고, 더 빠른 시간에 정확하게 암을 진단하는 데에도 도움이 될 것으로 예상됩니다.

이렇게 국내외의 수많은 회사가 딥러닝 등의 인공지능 기술을 이용해서 암 진단은 물론, 폐영상 분석, 뇌영상 분석 및 내시경 영상을 분석하는 소프트웨어를 개발하고 있습니다. 암 진단뿐만 아니라 결핵 등으로 인한 폐결절 검출이나 뇌졸중 조기진단, 골연령 분석 등을 위한 인공지능 의료기기들이 이미 수십 건 이상 식약처로부터 사용 허가를 받았습니다.

우리나라에서도 의료영상 분야에서 컴퓨터를 이용한 질환의 진단 CAD, computer-aided diagnosis 방식이 활발히 보급되고 있는데요. 폐암이나 폐결핵을 진단하기 위해 예전에는 몇 장의 폐영상 사진을 보며 의료진이 눈으로 판단을 했습니다. 하지만 요즘은 폐영상을 찍으면 수십~수백 장의 영상이 만들어지기 때문에 의료진의 눈으로 모든 영상을 세세하게 볼 시간이 부족한데요. 이때 CAD 기술을 이용하면 수많은 영상 중에서 의사가 유심히 보아야 할 부분을 미리 알려주기 때문에 의료진의 시간을 크게 절약할 수 있습니다.

약 대신 컴퓨터로 치료하다

놀랍게도 컴퓨터는 질병의 진단뿐 아니라 치료에도 이용되고 있는데요. 질병 치료라 하면 우리는 대부분 수술을 하거나 약물을 투여하는 방법을 생각하기 쉽지요. 하지만 다양한 방법의 디지털 기술이 질병 치료에 사용되고 있습니다. 이렇게 질병의 치료에 이용되는 컴퓨터를 '디지털 치료제Digital Therapeutics'라 부르기도 하는데요. 컴퓨터에 의해 만들어진 가상의 공간 안에서 의료진이 원하는 시각적 혹은 청각적 자극을 주고, 동시에 다양한 생체신호를 측정하여 분석하고 이를 다시 치료에 활용하는 기술입니다. 물론 이러한 디지털 치료제가 가장 많이 이용되는 분야는 정신적 질환과 관련되어 있는 분야입니다.

고소공포증, 대인공포증, 외상후스트레스장애PTSD처럼 다양한 공포증을 호소하는 환자에게 공포를 주는 대상을 가상 공간에서 약하게 제시하는 탈감작desensitization* 치료는 예전부터 사용해 온 디지털 치료의 한 방법인데요. 예를 들어 고소공포증이 있어서 3층 이상의 빌딩을 못 올라가거나 비행기를 타지 못하는 환자에게는 실제 공간에서의 탈감작치료가 매우 위험하거나 불편합니다. 공포를 느끼는 순간 공황발작이 나타나 응급상황을 초래할 수도 있기 때문에 응급처치가 가능한

---

* 탈감작이란 특정 자극에 대해서 과민한 반응을 보이는 경우, 특정 자극을 아주 약하게 제시하면서 익숙해지게 만든 후, 점차적으로 자극의 강도를 크게 하여 특정 자극의 과민한 반응을 없애는 치료법으로, 특정 자극(항원)에 대한 알레르기 반응의 치료에도 사용하는 기법입니다.

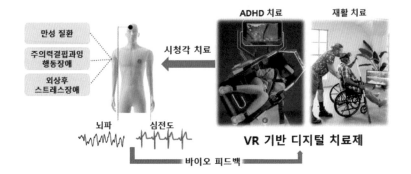

| 디지털 치료제의 개념 |

VR 기반 디지털 치료제

곳에서만 가능하지요. 이렇게 공간적 제약이 있는 경우라면 VR을 이용해서 높은 곳에 있다는 느낌을 주는 가상공간을 만든 다음, 환자가 어느 정도 공포를 느끼는지를 웨어러블 디바이스로 측정하면서 적절히 강도를 조절해주는 방식의 탈감작 치료를 할 수 있습니다.

공포증 이외에도 다양한 중독증, 우울증, 주의력결핍과잉행동장애 ADHD 등의 치료에 비슷한 방법을 활용할 수도 있지요. 디지털 치료제는 약물에 지나치게 의지하지 않도록 도와주기 때문에 약물 남용과 같은 부작용을 막아주는 역할도 합니다. 또 약물과 같이 처방하면 치료 효과를 향상시킬 수 있기 때문에 제약회사에서 많은 투자를 하고 있는 분야이기도 합니다.

그런가 하면 고혈압, 당뇨병 등 만성질환의 예방과 관리에도 디지털 치료제를 활용하려는 연구들이 등장하고 있는데요. 당뇨 전단계 환자에게 당뇨병 예방을 위해 처방되는 프로그램(앱)에 참여하게 하니 운동이나 식생활 개선을 통해 당뇨병의 가장 중요한 지표인 당화혈색소 (HbA1c)를 0.43%p 감소시키는 결과를 얻기도 했습니다. 당뇨약으로 많이 사용되는 메트포르민Metformin이 당화혈색소를 평균 1.5%p 정도 감소시킨다니 디지털 치료의 효과가 적지 않다고 할 수 있겠지요.

최근에는 소프트웨어 외에도 디지털 기술을 이용해 신경을 조절하는 신경조절neuro-modulation 기술도 많은 연구가 이뤄지고 있습니다. 신경조절 기술은 중추신경이나 말초신경계에 적은 에너지의 전기장, 자기장, 초음파 등을 가해서 신경계의 변화를 꾀하는 기술인데요. 이를 수면 조절, 우울증 치료, 이명 치료, 통증 치료 등에 활용하려는 연구가 진행되고 있는 중입니다.

최근 우울증 약에 반응하지 않는 우울증 환자를 대상으로 말초신경인 미주신경vagus nerve**을 자극하는 연구결과가 보고되었는데요. 200여 명의 우울증 환자에게 10주간 미주신경을 자극하였더니 특정한 뇌 영역에서 신경전달물질의 변화가 유도돼서 우울증이 개선될 수 있었습니다. 뇌를 비롯한 중추신경계를 자극하는 기술에 대해서는 앞서 살펴본 적이 있지요. 말초신경계를 자극하는 기술에 대해서는 뒤에서 상세히 알아볼 예정이니 기대해 주세요. 어쩌면 가까운 미래에는 정신질환을 비롯한 다양한 뇌신경질환을 가진 환자들이 가상현실 기구를 착용하고 게임을 하듯 치료를 받게 될 날이 올지도 모르겠습니다.

** 미주신경은 뇌에서 뻗어 나온 12개 신경 중 10번째 신경으로 인후, 후두, 복부 및 흉부의 내장까지 신체 전반에 뻗어 있는 복잡한 신경계를 가리킵니다.

의사를 대신해 진료도 가능할까?

그렇다면 컴퓨터가 의사를 대신해 진료행위도 할 수 있을까요? 진료행위는 일반적으로 질문을 통해 질병을 파악하는 문진history taking, 눈으로 환자의 병변을 관찰하는 시진inspection, 환자의 상태를 소리를 통해 파악하는 청진auscultation, 손가락 감각으로 내장 상태를 파악하는 촉진palpation의 4가지로 구분되는데요. 아직 인간의 촉감을 따라갈 만한 기술이 부족한 촉진 이외에는, 미래에 컴퓨터가 이러한 진료행위를 어느 정도 보조할 수 있을 것으로도 기대됩니다.

진료행위의 시작이라고 할 수 있는 문진은 지금까지는 의사가 환자에게 묻고 환자의 증상과 증후를 받아 적는 형태로 이루어져 왔는데요. 컴퓨터가 음성인식을 통해서 자동으로 환자의 음성을 인식하고, 이것을 진료에 필요한 형태의 정보로 바꾸어 저장하는 기술을 사용하게 된다면 편의성을 높일 수 있는 것은 물론 환자들의 의료정보가 전 세계적으로 공유되어 진정한 '빅데이터'로 활용될 수도 있을 것입니다. 사실 인간의 자연어를 인식하고, 이를 전 세계의 모든 의사가 인식할 수 있는 의료 용어로 저장하는 것은 매우 어려운 일이지요. 자연어 음성 인식 및 변환 기술이 더욱 발전해야 합니다.

컴퓨터를 활용한 시진의 경우 이미 보조적으로 사용되고 있기도 한데요. 이비인후과의 후두내시경이 그런 예입니다. 컴퓨터의 고해상도 카메라로 환자의 질환 부위를 관찰하면 인간 의사의 눈보다 더 정확한 측정이 가능한 점을 활용하는 것입니다. 앞으로 카메라나 확대경을 이용해서 촬영한 병변 부위의 정보를 인공지능이 자동으로 의학용어로 변형해 진단할 수 있게 된다면 진단 속도나 정확도 향상에도 큰 도움이 될 것으로 보입니다.

청진은 소리를 들어서 환자의 상태를 판단하는 것이지요. 특히 심장이나 폐에서 나오는 소리를 청진기를 이용하여 듣습니다. 이러한 생체의 소리를 듣고 상태를 파악하기 위해서는 많은 수련이 필요합니다. 청진기로 심장 부위를 측정하면 심장이 한 번 뛸 때 심장 판막이 닫히면서 두 번의 소리가 나는데 그 소리에는 다양한 특성이 있다고 이론서에 써 있습니다. 하지만 실제 경험이 적은 의사가 들었을 때는 그 소리의 특징을 파악하는 것이 거의 불가능하지요. 하지만 고성능 마이크를 이용하여 심장의 소리를 듣고 이 소리를 디지털 데이터로 변환해 컴퓨터가 분석한다면 인간의 귀보다 훨씬 정확한 분석이 가능해질 것입니다. 또 현재까지는 이 소리를 의사가 한 번 듣고 끝내는 형태이지만 이를 녹음할 수 있다면 저장해서 반복적으로 듣거나 다른 병원으로 전달하기에도 수월해지겠지요.

더구나 컴퓨터가 돕는 진료행위는 꼭 병원에서만 이루어져야 할 필요가 없는데요. 스마트폰에 내장되어 있는 센서나 스마트폰과 연결된 기기를 이용해서도 측정, 저장, 전송, 분석의 모든 부분이 가능하기 때문입니다. 여기에 웨어러블 디바이스를 이용해 저장한 생체정보나 환경정보가 더해진다면 정확한 진단에 더욱 도움이 되겠지요. 이런 정보들도 병원의 전산 시스템에만 입력돼 있는 것이 아니라 스마트폰이나 이와 연결된 클라우드 시스템에 기록되어 언제 어느 곳에서나 자신의 건강 정보를 공유할 수 있겠지요. 언젠가 우리 손 안에 든 스마트폰이 하나의 작은 병원이 될 날이 곧 오지 않을까요? 이를 통해 더 많은 사람이 의료혜택을 보다 쉽고 빠르게 볼 수 있게 되기를 기대해 봅니다.

컴퓨터와 인공지능 기술이 발전한다고 해서 과연 의사가 필요 없게 되는 것일까요? 이러한 현상을 두고 내과 의사나 영상의학과 의사들의 수요가 많이 줄어들 것이란 걱정을 하는 사람들도 있습니다.

컴퓨터가 엄청난 데이터를 분석하고 비교하는 능력은 당연히 인간보다 뛰어납니다. 하지만 더 많은 것을 고려해서 인간을 살리기 위한 최선의 선택을 하는 것은 인간 의사가 할 일입니다. 인간 의사가 환자를 위한 최선의 선택을 하기 위한 많은 양질의 정보를 컴퓨터가 제공할 수 있을 것이고, 이러한 정보들 때문에 미래의 의사의 할 일은 오히려 더욱 늘어나리라 생각합니다.

교실 밖에서 듣는 바이오메디컬공학

4

나에게 꼭 맞는 치료

○
○

맞춤 의학

불과 수십 년 전까지만 해도 감기에 걸려 병원에 가면 한두 가지 증상만 물어보고 모든 사람에게 같은 처방을 했습니다. 감기뿐 아니라 암과 같은 질환도 마찬가지였지요. 요즘은 표적항암제와 같은 다양한 맞춤형 암 치료 방법이 개발되었지만, 예전에는 수술이나 방사선, 항암치료 정도의 보편적인 치료만 행해졌지요. 이와 같이 일반적인 질병들에 대해서는 의학 교과서에 있는 방법대로 치료가 시행되는 경우가 많습니다. 이렇게 하면 많은 의학지식을 배우기에도 좋고, 치료에 적용하기에도 편리하기 때문이지요.

하지만 이런 기준은 대부분 서양의 성인을 기준으로 통계적인 방법을 통해 만들어진 것입니다. 집단을 대표할 수는 있지만 한 사람

한 사람에게 적합한 치료는 아니지요. 예를 들어 우리가 진통제로 많이 사용하는 아스피린의 경우, 인플루엔자나 수두에 감염된 적이 있는 아동에게는 치명적인 결과를 초래하기도 합니다. 또 감기에 걸렸을 때 흔히 복용하는 해열제인 아세타미노펜('타이레놀'이라는 상품명으로 알려져 있는 약품)은 간기능이 약화된 환자의 경우 사망에 이르게 할 정도로 치명적일 수 있습니다.

이렇게 특수한 경우가 아니더라도 약에 대한 감수성은 개인의 유전적 요인, 사회적 요인, 환경적 요인에 의해서도 아주 다르게 나타납니다. 예를 들어 알레르기에 의한 콧물약으로 사용하는 항히스타민제는 같은 양을 복용하는 경우에도 어떤 사람은 그냥 콧물이 멈추고 입이 약간 마르는 정도이지만, 어떤 사람에게는 중추신경계에 영향을 미쳐 참을 수 없는 졸음으로 인해 운전이 불가능할 정도가 될 수도 있는데요. 약물이 작용하는 수용기receptor의 분포와 양이 사람마다 다르기 때문입니다.

이런 문제를 해결하기 위해 요즘에는 각 환자의 상태에 맞는 '맞춤의학'으로 진료의 형태가 변하고 있는 추세입니다. 맞춤의학은 개인의 유전정보나 현재 환자의 생리적 상태, 살아가고 있는 환경 등을 엄밀히 분석해 가장 적합한 치료를 선택해 주는 새로운 개념의 치료 방법입니다.

데이터가 모일수록 발전하는 맞춤의학

아직은 맞춤의학이 보편화되지는 않았지만, 유전자 분석기술이 발전하면서 암의 예방과 치료 분야에 활용되고 있는 것을 보면 이것도 맞춤의학의 한 사례라고 볼 수 있습니다. 대표적인 예가 헐리우드 배우인 안젤리나 졸리가 수년 전 특정 유전자(BRCA1, 유방암 위험율 70~80%, 난소암 위험율 55%)가 있음을 알고 예방적으로 유방 절제술을 시행한 것인데요. 이 BRCA 유전자는 현재 우리나라에서도 유방암 환자들에 한해서 검사가 가능합니다. 손상된 DNA 복구에 관여하는 BRCA 유전자에 돌연변이가 있으면 유방암과 난소암의 발병율을 높이는데, 이 유전자는 가족간에 유전될 가능성도 높기 때문입니다.

BRCA 유전자는 약 800여 개의 돌연변이 형태가 보고되어 있는데요. 이들 유전자 DNA의 염기서열 변화는 소량의 혈액을 채취해 차세대 유전자 염기서열분석Next generation sequencing, NGS이라는 방법을 적용하면 아주 빨리 알아내는 것이 가능합니다. 20여 년 전만 해도 한 사람의 유전자를 분석하는 데 15년이라는 시간과 3조 원 이상의 금액이 필요했지만, 요즘에는 이 NGS 방법으로 100만 원도 안 되는 돈과 단 몇 시간으로 한 사람의 유전자를 분석할 수 있게 되었습니다. 최근에는 유방암 관련 유전자 외에도 대장암, 치매, 폐렴, 심혈관질환 등과 관련된 수십 개의 유전자를 한꺼번에 검출할 수도 있게 되었습니다.

요즘은 이러한 기술이 더욱 발전해 암과 관련된 유전자를 사전에 분

| 맞춤의료의 개념 |

석해서 표적항암치료에 활용하기도 합니다. 표적항암치료란 암세포의 유전자 변형으로 비정상적으로 생겨난 단백질을 표적으로 인식해, 암세포만 선택적으로 공격하는 약물 치료인데요. 약물은 주로 암세포 표면의 표적 단백질에 작용하는 단클론항체monoclonal antibody, mAb라는 것을 사용합니다. 이들 약물들은 영어 약자인 'mAb'을 사용하여 '~맙'이란 이름들을 가지고 있는데요. 이때 해당 암과 관련된 유전자를 사전에 분석할 수 있다면 표적항암치료를 통해 암의 증식이나 재발을 막아줄 수 있습니다. 예를 들어 림프종이나 백혈병 등의 혈액암의 원인이 되는 세포 표면에 CD20, CD30, CD52 등과 같이 과도하게 나타나는 단백질을 표적으로 하는 단클론항체 약물(리툭시맙, 브렌툭시맙, 알렘투주맙…)을 정맥 주사합니다. 그러면 이 약물이 혈액 내의 암세포에 찾아

가 이들의 작용을 억제하여 항암효과를 나타내게 되는 것이지요.

이렇게 유전적인 특성을 고려한 맞춤의학이 있다면, 전산화된 의료 정보의 빅데이터를 이용해 맞춤의학을 하고자 하는 노력도 있는데요. 특정 지역, 특정 인종, 특정 나이의 사람들이 질병에 걸렸을 때, 특정 치료를 하면 이에 따른 어떤 변화가 있는지 그 데이터들을 장시간 축적해서 분석하면 가장 적절한 치료가 무엇인지 알아낼 수 있지요.

예를 들어 미국에서는 한 사람이 태어나서 성장하는 동안 뇌가 어떻게 변화하고, 이 뇌의 변화가 지능이나 각종 정신질환에 어떠한 영향이 있는지에 대한 데이터를 장기간 동안 확보하기 위해 노력하고 있는데요. 이를 위해 수만 명의 사람을 대상으로 뇌영상을 주기적으로 찍어서 분석하기도 합니다. 우리나라에서도 치매의 조기진단을 위해 수천 명의 초기 인지장애 노인을 대상으로 뇌영상과 유전자, 혈액성분 분석을 주기적으로 시행해서 데이터를 축적하고 있습니다. 이런 데이터가 잘 축적된다면 뇌영상 촬영 등의 간단한 검사만으로 치매를 조기진단하거나 적절한 치료를 할 수도 있겠지요.

맞춤의학이 풀어야 할 숙제

맞춤의학을 모든 환자에게 적용하기 위해서는 생각보다 많은 건강, 의료 정보가 필요합니다. 환자 개인이 일생동안 거친 모든 병원에서의 진료기록이 필요할 수도 있고, 유전자 분석을 위해 환자 가족의 진료기록이나 건강정보가 필요할 수도 있겠지요. 이를 위해서는 모든 환자의 진료기록과 건강정보가 하나로 표준화되어 공유되는 시스템이 필요합니다.

예전에는 초보 의사의 가장 중요한 업무가 소위 '차트'라고 불리는 두꺼운 의무기록 뭉텅이와 누런 봉투에 들어 있는 환자의 영상기록을 선배 의사의 회진 전에 찾는 것이었습니다. 물론 디지털 기술이 빠르게 발전하면서 우리나라에서는 2000년 이후부터 거의 볼 수 없게 된 광경이지만, 저소득 국가에서는 최근까지도 이렇게 종이로 된 의무기록을 사용하기도 했습니다.

하지만 요즘은 환자에 대한 대부분의 정보가 컴퓨터에 보관되어 있고, 다른 병원으로 진료를 받으러 가는 경우에는 CD나 USB에 영상 자료 등 자신의 진료기록을 담아 갈 수도 있지요. 이렇게 모든 진료 기록이 디지털화 되어 있는 의료시스템을 e-Health electronic healthcare system 라고 부릅니다.

그런데 아직까지는 이런 개인의 건강이나 의료 관련 정보를 언제 어디서나 의료진이 보면서 사용하기에는 조금 어려움이 있습니다. 병원마다 환자의 진료내용과 검사결과를 기록하는 방법이 달라서 다른 병원에서 쉽게 읽을 수가 없기 때문입니다. 우리나라 안에서 사용되는 의료 용어만 해도 근대의학 초기에 사용하던 일본어 기반의 한자 의료 용어와, 최근 사용되는 한글 기반의 의료 용어, 그리고 라틴어 기

교실 밖에서 듣는 바이오메디컬공학

반의 영어 계열 의료 용어들이 섞여 있습니다. 심지어 한의학 분야는 전통적인 표현을 사용하고 있기 때문에 양한방 공동 진료를 하는 병원 안에서는 일본식 한자와 우리말, 영어, 심지어 『동의보감』에서 쓰이는 한자어를 의료진들이 섞어서 사용하고 있는 실정이지요. 하나의 장기에 담낭, 쓸개, gallbladder, 담膽 이라는 4가지 용어가 섞여서 사용되기도 합니다.

만약 다른 나라에서 진료를 받는 경우라면 진료기록 형태나 사용하는 용어가 달라서 더 큰 어려움을 겪게 되겠지요. 병의 분류에 대해서는 세계보건기구WHO의 국제질병분류international classification of diseases, ICD를 따르고 있긴 하지만 다양한 의료 용어들은 각 나라가 다른 분류 체계로 운영하고 있는 상황이기 때문입니다. 이런 문제를 해결하기 위해 의료정보의 표준화가 필요한 것이지요. 현재 의료정보를 전공하는 학자들이 전 세계에 사용되는 의료용어를 분류하고, 이 표현들을 코드화하는 작업을 하고 있지만 갈 길이 먼 것 또한 사실입니다. 어렵더라도 디지털 헬스케어 시대에 꼭 필요한 과정이기에 꼭 진전이 있기를 기대해 봅니다.

미래에 의료정보의 표준화가 이루어지면 환자 개인의 모든 건강 관련 정보를 통합해 관리하는 개인 건강관리 서비스도 기대해 볼 수 있을 것으로 보입니다. 이러한 시스템을 PHRpersonal health record이라 하는데요. 각 개인의 생체정보, 가족의 건강정보, 예방접종, 운동 프로그램, 병원 의무기록을 통합하여 관리하는 시스템을 의미하지요. 앞서 살펴본 유헬스 시스템과 함께 이러한 통합 서비스가 운영된다면 정말 100세 시대가 현실로 다가올 날도 머지 않을 것으로 보입니다.

예전부터 인간의 가장 큰 소망은 건강하게 행복하게 오래 사는 것이었습니다. '피할 수 없는 질병, 질환을 미리 알고 예방할 수 있으면 좋을 텐데…, 내 옆에 아무도 없더라도 뇌출혈, 심장마비 등 촌각을 다투는 응급 상황에 응급차가 올 수 있으면 좋을 텐데…, 내게 부작용이 최소인 적절한 치료를 받으면 좋을 텐데…' 이러한 많은 사람들의 바람을 들어줄 수 있는 것이 바로 맞춤의학과 디지털 헬스케어 시스템일 것입니다. 이러한 디지털 헬스케어 시스템을 만들기 위해서는 다양한 공학기술, 생명과학기술과 의학기술 등에 대한 융합 연구와 교육이 필요합니다. 여러분과 같은 인재들이 잘 양성되어 디지털 의료 융합기술을 연구하는 첨단 학문 분야인 바이오메디컬공학이 계속해서 발전하기를 기대합니다.

5부

몸속 세포에서 답을 얻다

1

우리 몸속 나노센서 로봇

○
○
○

마이크로 · 나노 제조기술

2005년도에 개봉한 마이클 베이^{Michael Benjamin Bay} 감독의 SF영화, 〈아일랜드〉에서는 남자 주인공이 무언가를 소변으로 배출하는 장면이 등장합니다. 바로 콩알보다도 더 작은 나노센서 로봇인데요. 이 나노센서 로봇은 이름처럼 아주 미세한 크기의 로봇으로, 영화 속에서는 사람의 눈을 통해 몸속으로 들어가 뇌의 상태를 분석하기도 하고, 몸의 구석구석을 돌아다니며 건강상태를 모니터링합니다.

그런데 신기하게도, 지금 이 순간 우리 몸 안에서도 수많은 나노센서들이 동작을 하고 있는데요! 물론 영화에서처럼 인공적으로 만든 센서는 아닙니다. 하지만 공학자의 관점에서 보면 우리 몸속의 세포들 또한 무수히 많은 종류의 나노센서로 이루어진 생체 로봇이라고 할 수 있기 때문입니다. 아마 살짝 실망하신 분도 있으실 텐데요. 그만큼 우리 몸속의 세포와 로봇의 구성요소가 많이 닮아 있다는 이야기입니다.

'자연' 나노센서 로봇, 세포

그렇다면 세포와 로봇은 그 구성요소가 어떻게 닮아 있을까요? 먼저 로봇은 기본적으로 외부의 환경을 인식하는 '센서부', 그리고 이렇게 인식한 정보를 처리하는 '제어부', 마지막으로 정보처리 결과에 따라 동작을 하는 '구동부'로 구성됩니다. 이와 유사하게 우리 몸속의 세포도 외부의 생화학신호를 인식하는 나노센서인 '세포막 수용체receptor'가 있고, 인식한 신호에 따라 정보를 전달하고 처리하는 '신호전달체계signaling pathway', 그리고 처리된 정보에 따라 세포의 형태를 변형시키는 '세포골격cytoskeleton'으로 이루어져 있습니다. 로봇청소기가 센서를 통해 먼지를 인식하고 바닥 청소를 하는 것처럼 세포도 세포막 수용체에 신호전달물질이 붙으면, 신호전달체계를 통해 처리된 정보에 따라 세포의 작동이 일어나는 것이지요.

우리가 잘 아는 백혈구 세포를 실제 예로 들어볼까요? 백혈구는 우리 몸속 곳곳을 누비며 면역반응을 유발하거나 치료에 관여하는 세포로 알려져 있지요. 그 과정을 살펴보면 이렇습니다. 예를 들어, 호흡을 통해 폐 조직에 침투한 병원체를 주변의 백혈구가 인지하면, 병원체 주변으로 다른 백혈구들을 끌어들이기 위해 다양한 염증신호물질을 방출합니다.

백혈구의 세포막에는 이 염증신호물질을 감지할 수 있는 나노센서인 세포막 수용체들이 결합돼 있는데요. 혈관을 따라 이동하던 백혈구가 세포막 수용체를 통해 이 염증신호를 감지하면 염증신호는 곧 백혈구 내부에 있는 조절 단백질들에게 전달됩니다. 그러면 조절 단백질은 세포골격 단백질 중 하나인 액틴 필라멘트*를 염증이 있는 방향으로 길게 늘려서 백혈구가 염증 방향으로 이동하도록 유도하지요. 이때 액틴 필라멘트는 세포를 이동시킬 뿐만 아니라 세포막을 돌출시켜서 백혈구의 대식작용(식균작용)을 유도합니다. 따라서 염증 부위로 백혈구들이 모여들면 대식작용을 통해 유해물질이 신속하게 제거되는 것이지요.

주화성, 세포의 제어시스템

방금 설명한 백혈구의 대식작용에서 설명된 개념 중에 '조절 단백질'이라는 것이 있었지요. 이 조절 단백질은 대체 어떻게 백혈구를 이동

---

* 세포의 형태를 유지하거나 변화시키는 역할을 하는 세포 내 섬유 중 하나입니다.

시키는 것일까요? 이에 대한 이해를 돕기 위해 나노센서 로봇을 다시 떠올려 보겠습니다. 영화 속 나노센서 로봇 또한 우리 몸 안의 이곳저곳을 돌아다닐 수 있는데요. 이렇게 로봇이 우리 몸 안의 어떤 곳이든 원하는 곳으로 돌아다니기 위해서는 제어부가 반드시 필요합니다. 제어부는 센서부를 통해서 측정한 신호를 바탕으로 구동부를 제어하는 시스템으로 로봇의 이동방향을 결정하는, 꼭 필요한 시스템이지요.

　우리 몸속의 세포 또한 이러한 '제어부'가 있어서 우리 몸의 필요에 따라 신속히 이동할 수 있습니다. 세포가 가진 대표적인 제어부의 예가 바로 '주화성^{chemotaxis}'이라는 성질입니다. 주화성은 세포가 주변에 있는 생화학 물질의 농도 차이를 인지하고, 농도가 높은 쪽이나 농도가 낮은 쪽으로 이동하게 하는 능력을 뜻합니다.

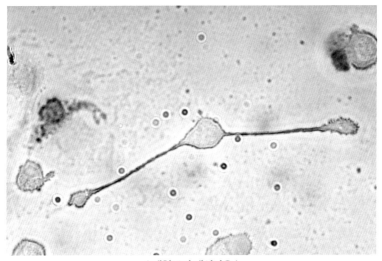

| 백혈구의 대식작용 |

백혈구의 경우에는 '조절 단백질'이 세포 이동을 위한 제어부 역할을 하는데요. 앞서 설명했듯이 염증신호가 조절 단백질에 전달되면, 이것이 세포골격 단백질 중 하나인 액틴 필라멘트를 염증 방향으로 길게 늘려서 세포의 이동을 유도하는 것이지요. 이처럼 주화성은 백혈구가 세균이나 박테리아와 같은 유해물질에 의해서 발생한 염증신호를 인식하고 병변 부위로 이동하는 데 있어 중요한 역할을 합니다.

누구나 얼굴이나 몸 곳곳에 여드름이 나서 마음고생을 한 경험이 한 번쯤 있을 텐데요. 이 여드름이 바로 세포의 주화성을 잘 보여주는 사례입니다. 여드름은 아크네균을 물리치기 위해 모여 싸우다 장렬히 전사한 백혈구의 사체가 쌓인 고름입니다. 보통 여드름은 붉은색을 보이기 때문에 백혈구를 떠올리기 쉽지 않지요. 하지만 여드름을 짜면 하얀 고름이 나오는데요. 이게 바로 우리 몸을 세균으로부터 지켜낸 하얀 백혈구들의 무덤인 것입니다.

러시아의 생물학자인 일리야 일리치 메치니코프Ilya Ilyich Metchnikoff는 투명한 불가사리 유충의 상처 부위로 불가사리의 세포들이 이동하는 현상을 관찰했는데요. 이 관찰을 통해 백혈구가 주화성에 의해 상처 부위로 몰려들며 병원균을 잡아먹는 대식작용을 한다는 사실을 알아냈습니다. 백혈구의 대식작용은 우리가 태어날 때부터 우리 몸이 지니고 있는 능력이어서 '선천성 면역'이라 부르지요. 이 선천성 면역에 관한 연구업적을 인정받은 메치니코프는 1908년 노벨 생리의학상을 받습니다.

나노기술로 재탄생한 백혈구

메치니코프가 노벨상을 받은 지 백 년이 훌쩍 지난 지금, 우리는 백혈구에 대해 더 많이 알게 되었을까요? 물론입니다. 이제 우리는 공학 기술의 발전을 바탕으로 백혈구를 개조할 수도 있게 되었습니다. 특히 마이크로·나노 제조기술의 발전이 그 몫을 톡톡히 했지요. 최근에는 백혈구의 치료 효과를 높이기 위해 백혈구를 개조하는 연구가 활발히 수행되고 있는데요. 2017년도에는 중국 연구진이 백혈구 개조에 관한 재밌는 연구결과를 학술지『네이처』에 발표했습니다. 연구진은 쥐의 혈액에서 백혈구를 추출하여 각각의 세포 내부에 항암제를 주입한 후, 이를 다시 뇌종양 제거 수술을 받은 쥐의 정맥을 통해서 주사했습니다. 이때 백혈구 내부로 항암제를 안정적으로 전달하기 위해서 수백 나노미터 크기의 나노 리포좀liposome이라는 나노구조체를 이용했는데요. 나노 리포좀은 세포막과 동일하게 인지질 이중층 구조를 가지기 때문에 항암제가 전달될 때까지 오랜 기간 동안 안정적인 구조를 유지할 수 있습니다.

나노기술로 재탄생한 백혈구를 쥐에 주입한 실험의 결과는 어땠을까요? 우선 쥐의 혈액에 주입된 백혈구는 뇌종양 제거 수술 후에 손상된 조직에서 발생한 염증신호를 인식해서 뇌조직으로 몰려갔지요. 그리고는 수술 부위에서 발생한 높은 염증신호로 인해서 백혈구가 활성화되자, 백혈구 세포 내에 주입되었던 항암제가 방출되어 수술 후에

| 리포좀의 구조 |

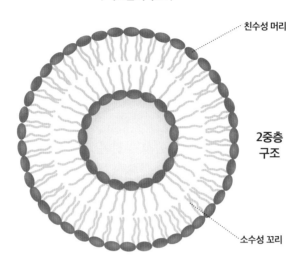

친수성 머리

2중층
구조

소수성 꼬리

도 남아 있던 잔여 암세포를 효과적으로 제거할 수 있었습니다.

　마치 신무기를 장착해서 암세포만을 정교하게 공격하는 살상 로봇을 구현한 것 같은데요. 자연 나노센서 로봇인 백혈구와 마이크로·나노 제조기술이 만나 시너지를 낸 것이지요. 아직은 쥐를 대상으로 한 연구 단계이지만, 이처럼 백혈구에 항암제뿐만 아니라 퇴행성질환 치료를 위한 항산화제와 같은 다양한 신무기들이 장착된다면 미래에는 다양한 질병을 보다 효과적으로 치료할 수 있을 것이라 예상됩니다.

　백혈구의 주화성은 질병의 치료뿐만 아니라 진단에도 활발히 이용되고 있는데요. 여기에도 마이크로 및 나노 제조기술의 발전이 한 몫을 톡톡히 했습니다. 최근 의공학자들은 혈관의 구조를 모방해서 모세혈관 네트워크를 제작하는 데 성공했습니다. 이 모세혈관 네트워크는 마이크로·나노기술로 만들어진 수십에서 수백 마이크로미터 크기의 아주 작은 모세관으로, 여기에 사람의 혈관을 구성하는 정맥 내피 세포human umbilical vein endothelial cell를 배양하면 체내의 혈관 기능을 모사할 수 있지요. 이렇게 모사된 혈관은 현미경을 통해서 손쉽게 관찰할 수 있기 때문에 백혈구의 주화성 연구뿐만 아니라 다양한 혈관질환의 연구에 많은 도움이 됩니다.

2018년 미국 하버드 의대 다니엘 이리미아Daniel Irimia 교수 연구팀은 이 모세혈관 네트워크 안에서 백혈구의 운동성을 분석하면 높은 정확도로 패혈증을 진단할 수 있다는 사실을 증명하기도 했습니다. 모세혈관 네트워크 안에 백혈구를 주입한 뒤에 백혈구를 관찰하면 패혈증 환자의 백혈구에서만 관찰되는 독특한 움직임 패턴을 쉽게 관찰할 수 있었던 것인데요. 패혈증 환자의 백혈구는 정상 백혈구보다 이동 중에 멈추거나 반복적으로 왕복운동을 하는 빈도가 월등히 높았고, 이런 현상을 관찰함으로써 무려 97%의 민감도sensitivity**로 패혈증 환자를 진단해낼 수 있었습니다.

앞으로 마이크로·나노 제조기술을 이용해서 백혈구를 개조하고 혈관을 모사하는 기술이 더욱 발전해 질병의 진단과 치료에 활발히 사용된다면 이것이 진정 '현실판 나노센서 로봇'이라 할 수 있지 않을

** 질병이 있는 사람을 질병이 있다고 분류하는 정확도를 말합니다. 한편 특이도는 질병이 없는 사람을 질병이 없다고 분류하는 정확도를 의미합니다.

까요? 더 나아가서는 앞서 소개한 영화 〈아일랜드〉에서처럼 나노센서 로봇을 통해 생체정보를 모니터링하여 예방적 치료 효과도 볼 수 있게 되기를 기대합니다.

최근 우리나라는 물론 세계적으로 인구의 고령화가 진행되고 있는데요. 고령화가 진행될수록 질병에 대한 관리와 예방이 중요해집니다. 다양한 스마트기기와 네트워크 기술이 상용화되어 있는 지금, 나노센서 로봇과 같은 '나노바이오공학' 제조 기술의 발전은 실버 산업에도 유용하게 사용될 수 있겠지요. 또한 바이러스성 질환이 위협하는 요즘과 같은 시대에는 체내, 체외의 바이러스를 신속히 인식하는 등의 역할도 할 수 있을 것입니다. 미래 의료산업에 있어 조력자 역할을 제대로 할 기술인 것이지요.

교실 밖에서 듣는 바이오메디컬공학

2

별자리처럼 빛나는 세포들

∘
∘
∘

세포막 수용체 분석

요즘은 도심의 밝고 강한 조명 때문에 밤하늘에 빛나는 별을 찾아보기가 쉽지 않습니다. 하지만 우리 눈에 잘 보이지 않는 것이지 사실지금도 많은 별들이 밝은 빛을 내며 제 자리를 지키고 있지요. 이렇게스스로 빛을 내며 밤하늘에서 위치가 변하지 않는 별을 항성 또는 붙박이별이라고 하는데요. 인공위성을 활용해 자신의 위치를 읽어내는위성항법 시스템이 개발되지 않았던 시절에는 이렇게 하늘 위에 고정된 별들을 지도처럼 읽어서 방향을 찾았다고 합니다.

선조들이 별자리를 지도 삼아 자신의 위치를 찾아냈던 것처럼, 우리 몸속에서도 별자리처럼 빛을 내어 지표가 되어주는 것들이 있습니다. 세포의 세포막에 떠 있는 수많은 단백질(세포막 수용체) 별들이 그

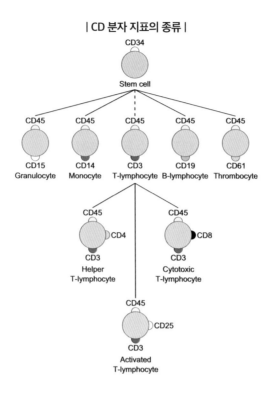

| CD 분자 지표의 종류 |

CD34
Stem cell

CD45
CD15
Granulocyte

CD45
CD14
Monocyte

CD45
CD3
T-lymphocyte

CD45
CD19
B-lymphocyte

CD45
CD61
Thrombocyte

CD45
CD4
CD3
Helper
T-lymphocyte

CD45
CD8
CD3
Cytotoxic
T-lymphocyte

CD45
CD25
CD3
Activated
T-lymphocyte

것인데요. 바로 CD 분자라 불리는 것입니다. 세포막 수용체가 모여 있는 동그란 세포막에 펼쳐져 있는 모양이 마치 별자리처럼 보이기도 하지요.

여기서 CD 분자의 'CD'가 뜻하는 것이 무엇일까요? CD는 세포표면 항원무리cluster of differentiation, CD의 약자로 위의 그림과 같이 세포 표면의 분자를 식별하기 위해 만든 일종의 지표입니다. CD 분자는 이 CD 지표를 구성하는 분자들이지요.

CD 분자는 세포마다 그 조합이 다르게 발현됩니다. 우리 몸속의 세포들은 줄기세포로부터 분화하며 만들어지는데, 분화 단계 또는 분화 유형에 따라서 특정한 CD 분자를 발현*하거나 혹은 발현하지 않기 때문이지요.

덕분에 세포 표면에 있는 CD 분자 유형에 따라 이것이 어떤 세포인지 정의할 수가 있습니다. 예를 들어, 조혈모세포hematopoietic stem cell는 CD34 분자를 발현하지만 CD45 분자는 발현하지 않고, 조혈모세포로부터 분화한 세포인 백혈구white blood cell는 CD45 분자는 발현하지만 CD34 분자는 발현하지 않습니다. 이렇게 CD 분자를 이용하면 줄기세포, 면역세포, 암세포 등의 다양한 세포를 구분할 수 있는 것이지요.

색으로 분자를 구분하다, 면역형광기법

그런데 세포 표면에 있는 작고 다양한 CD 분자들을 맨눈으로 구분하기는 어려운데요. 쉽게 색으로 가려낼 수 있다면 분석이 쉬울 텐데 말입니다. 그래서 고안된 방법이 바로 '면역형광기법'입니다. 앞서 CD 분자를 빛나는 별자리에 비유한 이유가 여기에 있습니다.

CD 분자는 스스로 빛을 내는 별(항성)이 아니기에 사실 스스로 빛을 낼 수 없습니다. 그래서 빛을 낼 수 있는 형광물질을 CD 분자에 표

---

* 특정 대상이나 집단, 집합체 등에 포함돼 있거나 숨겨진 것이 밖으로 나타나는 것을 말합니다.

지**하는 방법을 사용하는 것입니다. 이 형광물질이 내는 빛을 통해 세포가 어떤 CD 분자를 발현하는지를 간접적으로 판단합니다. 이렇게 세포 내부에서 형광물질이 표지된 CD 분자를 바라보면 마치 밤하늘에 떠 있는 별처럼 반짝반짝 빛이 나지요.

하지만 각각의 CD 분자들을 구분하기 위해서는 서로 다른 형광물질을 표지해야 하고, 이를 위해서는 CD 분자와 해당 형광물질을 선택적으로 결합specific binding시킬 수 있는 또 다른 물질이 필요합니다. 형광물질과 CD 분자 사이에는 화학적으로 결합하는 특성이 없기 때문이지요. 그냥 물감처럼 색칠한다고 형광물질이 입혀지는 것이 아니라는

** 형광물질을 표적이 되는 대상 물질에 결합시키는 것을 말합니다.

교실 밖에서 듣는 바이오메디컬공학

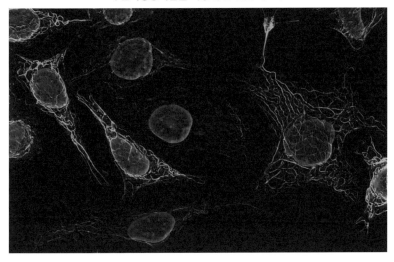

의미입니다. 형광물질과 CD 분자를 결합하기 위해서는 특정 항원에 선택적으로 결합할 수 있는 '항체'를 이용하면 됩니다.

이해를 돕기 위해 항체와 항원에 대해 잠시 설명하고자 합니다. 항원은 면역반응을 유도하는 분자를 뜻합니다. 예를 들면 코로나19바이러스가 일종의 항원이지요. 항체는 이 항원에 대항하기 위해서 혈액에서 생성된 물질입니다. 코로나19 백신을 맞았거나, 코로나19에 감염된 후 치유되었을 경우 코로나19에 대한 항체가 생겨나게 되지요.

이처럼 항체는 우리 몸속 면역시스템에서 바이러스와 같은 외부 유해 항원을 선택적으로 인식해서 무력화하는 중요한 역할을 담당합니다. 바이러스가 우리 몸에 들어오게 되면 바이러스의 스파이크 단백질을 이용해서 숙주세포의 수용체와 결합한 뒤에 세포 안으로 침투하는데요. 항체는 이러한 바이러스의 표면을 뒤덮어서 숙주세포와의 접촉을 원천적으로 차단해 주는 역할을 하며, 바이러스의 추가적인 감염을 막아줍니다.

그런데 항체가 외부에서 들어온 항원이 아니라 우리 몸속의 세균이나 세포를 항원으로 잘못 인식하는 경우도 간혹 있는데요. 이럴 경우 우리의 몸이 우리 자신을 공격하는 일이 발생하기도 합니다. 악성 빈혈이나 류마티스 관절염과 같은 자가면역질환이 바로 이럴 때 일어나는 심각한 면역질환이지요. 하지만 대부분의 건강한 사람의 항체는 이런 현상을 막기 위해 항원에 대한 높은 특이성(선택성)을 가집니다. 예를 들어 코로나19바이러스의 항체는 다른 바이러스가 아닌 코로나19바이러스에만 작용하는 성질을 가지지요.

이러한 항체의 특성을 이용하면 CD 분자에만 반응하는 특이적인 항체를 만들 수 있는데요. 우리 몸속 세포에서 추출한 CD 분자를 쥐나 토끼처럼 종species이 다른 동물에게 주입하면, 이들 동물의 면역시스템에서는 주입된 CD 분자를 외부의 유해 항원으로 인식해서 이를 무력화하기 위한 특이적인 항체를 생성하게 됩니다. 이렇게 생성된 항체를 추출하여 형광물질을 붙인 다음에 우리 몸속 세포와 반응시키면 표적 CD 분자에 형광물질을 표지할 수 있는 것이지요. 이렇게 항원·항체 반응을 이용해서 항원의 존재여부나 분포를 분석하는 방법을 면역형광immunofluorescence기법이라고 합니다.

별자리를 자세히 관찰하기 위해 천체망원경을 이용하는 것처럼 이

교실 밖에서 듣는 바이오메디컬공학

렇게 형광물질을 입힌 세포막 수용체 별자리를 관찰하기 위해서는 형광현미경fluorescence microscope이라는 특별한 장치를 이용합니다. 형광물질이 결합된 항체가 존재하는지를 알아내기 위해서는 형광물질을 여기excitation***시켜 고유한 색깔의 빛을 방출시키는 형광장치가 필요하기 때문이지요.

형광물질은 주로 자외선 대역의 빛에너지를 흡수해서 이보다 더 긴 파장의 빛을 방출하기 때문에 우리 눈에는 서로 다른 형광물질들이 방출하는 빛이 녹색, 노란색, 빨간색과 같이 다양한 색깔로 보일 수 있습니다. 따라서, CD34 분자에는 녹색 빛을 방출하는 형광물질을 결합시키고 CD45 분자에는 빨간색 빛을 방출하는 형광물질을 결합시킨다면, 형광현미경을 통해 조혈모세포는 녹색 세포로, 백혈구는 빨간색 세포로 관찰할 수 있습니다.

그런데 이렇게 형광물질을 색으로 보는 방법에도 어느 정도 한계가 있습니다. 형광현미경으로 한 번에 식별 가능한 색이 최대 대여섯 개 정도이기 때문에 400여 가지에 달하는 CD 분자 모두를 한 번에 분석하는 것은 불가능하기 때문입니다. 백혈구나 적혈구와 같은 조혈계 세포들은 30개 이상의 서로 다른 CD 분자를 발현하고 있기 때문에 여섯 개 정도의 CD 분자들만을 가지고 이를 한 번에 분석하는 것은 불가능합니다. 물론 모든 세포가 이렇게 많은 CD 분자들을 한 번에 발

*** 형광물질의 전자가 에너지 전이를 일으킬 수 있는 빛 에너지를 받아 높은 에너지 상태로 전이되는 현상을 말하며, 다시 낮은 에너지 상태로 떨어지면서 방출하는 빛이 형광입니다.

현하는 것은 아니기 때문에 항상 CD 분자 모두를 식별할 필요는 없지만 말입니다.

CD 분자를 분석하는 새로운 방법

하지만 기존 천체망원경의 단점을 극복하며 더 높은 해상도로 천체 관측이 가능한 우주망원경이 등장했던 것처럼, 더 높은 해상도로 CD 분자의 관찰이 가능한 새로운 현미경이 최근 등장했습니다. 캐나다 토론토대학의 연구팀이 형광물질 대신에 희토류****와 같은 희귀 원소가 결합된 항체를 세포에 표지한 뒤에 원소의 질량을 분석해서 CD 분자의 발현 유무를 분석하는 새로운 세포분석 기법을 개발한 것입니다. 이를 질량 세포분석법mass cytometry이라고 하는데요. 질량 세포분석법은 원소가 지닌 고유의 질량을 분석하기 때문에 다양한 희귀금속 원소를 이용해서 40개 이상의 CD 분자들을 동시 분석할 수 있습니다.

연구팀은 이 질량 세포분석법을 이용해 혈액줄기세포의 분화과정은 물론 분화과정 동안의 세포신호물질들 사이의 복잡한 상호작용을 상세하게 관찰할 수 있었습니다. 분석할 수 있는 CD 분자의 수가 많아졌기 때문에 분화과정에서 일어나는 현상을 더 다양하고 상세하게

**** 존재하는 수가 많지 않아 희귀한 금속을 말합니다.

추적할 수 있었던 것이지요. 이뿐만 아니라 최근 스위스 연구자들은 코로나19 환자의 면역세포로부터 40여 가지 CD 분자를 동시에 분석해 무증상 환자와 위중증 환자의 면역상태를 상세하게 추적할 수 있었는데요. 앞으로 복잡한 면역관련 질환들의 발생기전을 연구하는 데에도 큰 도움이 될 것이라 전망됩니다.

인류의 도전정신이 더욱 정밀한 우주망원경을 만들어 내고 우주 탄생의 비밀을 밝혀내고 있는 것처럼, CD 분자, 즉 세포막 수용체를 더 정밀하게 관측할 수 있는 분석법을 발전시킨다면 머지않아 세포 질병 발생의 비밀을 더욱 상세히 밝힐 수도 있을 것입니다. 많은 질병이 세포 분화나 신호물질의 이상에 의해서 발생하기 때문이지요.

세포분석법과 같은 기술은 반도체 공학, 나노 재료 공학, 생물학, 표면화학, 이론화학 등 다양한 분야의 융복합 연구가 함께 이루어질 때 더욱 크게 발전할 수 있습니다. 과학에서 어느 한 분야가 아니라 모든 분야가 골고루 성장해야 하는 이유이기도 하지요. 각각의 분야에서 다양하고도 우수한 연구가 진행돼서 하루속히 질병 정복의 꿈을 이룰 수 있게 되길 기대해 봅니다.

3

암 치료의 원조, 면역시스템

○
○
○

면역 치료제

영화 〈바디 캡슐fantastic voyage〉은 1966년에 만들어진 꽤 오래된 영화임에도 아주 흥미로운 설정이 등장합니다. 바로 뇌사상태에 빠진 천재 과학자를 살리기 위해 축소화 기술로 몸집을 줄인 구조대원들이 잠수함을 타고 인체 내부로 들어간다는 설정이지요. 현대영화가 다룰 법한 내용을 고전영화가 구현했다는 점에서 봉준호 감독이 종종 화두로 꺼내는 영화이기도 합니다.

구조대원이 도착한 과학자의 몸속에는 생명을 위협하는 테러범이 기다리고 있었는데요. 이때 구조대원들이 앞에서 살펴본 백혈구의 살상 능력을 이용해 테러범을 제거하는 장면은 영화의 가장 결정적이면서도 흥미로운 장면입니다.

이처럼 우리 몸의 방어 체계인 면역시스템은 외부에서 침입한 유해 병원균이나 암세포 등 우리 몸 내부에서 발생한 이상 세포를 끊임없이 감시하고 제거하면서 질병으로부터 우리 몸을 보호합니다. 그런데 혹시라도 면역세포가 몸속의 정상세포를 공격한다면 어떻게 될까요? 우리 몸을 세균으로부터 보호해 주지 못하고 반대로 문제를 유발하게 됩니다. 앞에서 잠시 소개한 자가면역질환이 바로 그 예입니다.

류마티스 관절염 또한 자가면역질환의 대표적인 사례 중의 하나였지요. 류마티스 관절염의 경우 림프구가 외부의 균이 아닌 우리 몸의 활막을 공격해서 지속적으로 염증을 일으킵니다. 흔히 관절염은 노년층에서 많이 겪는 질환이라 생각하지만 관절염의 여러 종류 중에서 류마티스 관절염의 경우 자가면역질환이기 때문에 나이와 상관없이 발병하지요.

하지만 정상적인 우리 몸의 면역시스템은 면역세포가 공격하지 못하도록 자기self와 남non-self을 구분하는 능력을 가지고 있습니다. 또 병원균이나 암세포를 직접 공격하고 제거하는 강력한 공격능력을 가지면서도, 몸속 세포들의 자기 항원self-antigen을 인식해서 이들을 공격하지 않도록 하는 '자기 관용성self-tolerance'이라는 성질도 갖고 있습니다.

항원에 대해서는 앞서 '세포막 수용체 분석'에서 그 개념을 다뤘었지요. '자기 항원'이란 우리 몸속 정상세포에서 생성된 항원으로, '자기 편'이라고 생각하면 쉽습니다. 반대로 '비자기 항원'이란 '자기 편이 아닌' 모든 항원을 가리킵니다. 예를 들면 몸 밖에서 침투한 바이러스나 박테리아를 구성하는 단백질이 비자기 항원입니다. 당연히 이들은 면역세포의 제거 대상이지요.

암, 면역시스템을 교란하다

이렇게 자신의 편과 자신의 편이 아닌 것을 잘 구분하는 우리 몸의 면역시스템을 모방해서 잘 활용한다면 영화에서 테러범을 제거할 수 있었던 것처럼 몸속에 침입한 병원균은 물론 암세포까지도 제거할 수 있지 않을까요? 하지만 암 정복이 쉽지 않은 데에는 이유가 있습니다.

암세포는 우리 몸속 정상세포에 이상이 생겨 발생하는 세포로 주변의 정상조직을 파괴합니다. 아마 정상세포 입장에서는 테러범과 같아 보일 텐데요. 흔히 암세포가 몸속에 있다고 하면 암에 걸린 것이 아닐까 생각하지만, 모든 사람의 몸속에는 암세포가 생성되고 있습니다. 마찬가지로 면역세포는 끊임없이 암세포를 제거하지요.

면역세포가 암세포를 제거하는 방법 또한 앞서 말한 방법과 동일합니다. 암세포는 분화 시에 특이적인 항원을 세포 표면에 표지하는데요. 이때 면역세포는 종양 특이항원을 비자기 항원으로 인식하며 인체에서 주기적으로 발생하는 암세포들을 선택적으로 제거합니다. 하지만 어떤 경우 일부 암세포들이 면역세포에 의해 인식되지 못하고 증식하여 암조직을 형성하는데요. 이는 암세포가 면역세포를 회피

교실 밖에서 듣는 바이오메디컬공학

immune evasion하는 능력을 갖고 있기 때문입니다. 우리가 흔히 알고 있는 '암'의 발병 과정이지요.

그런데 이 일부 암세포는 어떻게 면역세포를 회피하는 것일까요? 류마티스 관절염처럼 면역세포가 자가세포를 공격하는 사태를 자가면역질환이라고 했는데요. 이를 막기 위해서는 면역세포가 자가항원을 잘 인식하는 것도 중요하지만, 과도한 활성이 되어서도 안 되겠지요. 그래서 면역세포의 표면에는 면역의 과도한 활성을 억제하는 면역관문단백질immune checkpoint protein*이 존재합니다.

그런데 일부 암세포는 이러한 면역관문단백질을 악용해서 면역세포로부터의 공격을 회피합니다. 예를 들어, 면역세포 중 하나인 T세포는 면역관문단백질인 PD-1 수용체**를 통해서 면역활성이 조절됩니다. 그런데 이때 암세포는 PD-1 수용체의 결합분자(리간드)인 'PD-L1'이라는 표면단백질을 높게 발현합니다. 암세포가 해당 단백질을 변형시켜서 PD-L1의 분해를 막기 때문입니다. 이렇게 PD-L1 표면단백질이 과도하게 발현되면 면역세포의 PD-1 수용체와 결합해서 T세포의 면역 기능을 억제하게 됩니다. 이렇게 면역 기능이 억제된 T세포는 암세포를 제거할 수 없게 되는 것이지요.

---

* 면역반응을 활성화하거나 또는 억제하는 데 관여하는 단백질입니다.
** 세포 표면 분자로, 수용체 결합 분자인 '리간드'와 결합하면 세포 내부로 세포 특성을 바꾸거나 유전자를 발현하라는 등의 세포신호를 전달합니다.

살아있는 약, 면역항암제

그렇다면 면역세포의 PD-1 단백질과 암세포의 PD-L1 단백질이 결합하지 못하도록 막아주면 암세포의 면역 회피 기능을 억제해서 암을 치료할 수 있지 않을까요? 네, 맞습니다. 이를 면역관문억제제, 또는 큰 범위에서 '면역항암제'라고 하는데요. 면역항암제는 PD-1과 PD-L1 사이의 결합부위를 미리 차지해서 이 둘 사이의 결합을 막음으로써 T세포에 면역 회피신호가 활성화되는 것을 차단합니다. 이렇게 면역반응이 억제되지 않은 T세포는 암세포를 효과적으로 제거할 수 있게 되지요. 실제로 2015년에 미국 전 대통령이었던 지미 카터Jimmy Carter는 피부암이 뇌까지 전이되어 치료를 기대하기 어려웠지만 면역항암제인 '키트루다Keytruda'를 사용해서 암이 완치되기도 했습니다.

물론 면역관문억제제를 투여하더라도, 암에 의해서 이미 면역계가 약해져 충분한 면역세포가 없거나 암 억제 기능에 이상이 생긴 상태에서는 항암 효과가 크지 않을 것입니다. 때문에 환자의 면역세포를 채취해서 체외에서 활성화하고 배양한 뒤에 다시 체내에 주입하는 치료방법인 '면역세포치료제'의 개발도 활발히 진행되고 있는데요. 최근 종양 특이항원을 인지하도록 개량된 면역세포치료제도 개발되는 등 이들의 높은 항암효과에 대한 임상연구결과들이 보고되고 있습니다.

대표적인 면역세포치료제로 CAR-Tchimeric antigen receptor-T 세포치료제를 꼽을 수 있는데요. CAR-T 세포는 면역세포 중 한 종류인 T세포에 정상세포에는 없는 종양 특이항원 수용체, 면역반응 활성화, 자가증식 기능 유전자들을 주입하여 만든 유전자재조합 세포입니다.

2015년도에 발표된 필라델피아 소아 병원의 임상결과에 따르면 53명의 급성림프구성백혈병 환자를 대상으로한 CAR-T 치료 결과, 대상 환자의 94%가 완전관해***에 도달하는 높은 치료 효과를 보여주었다고 합니다.

하지만 CAR-T 치료는 심각한 사이토카인 방출 증후군을 일으킬 수 있으며 신경독성을 보인다는 부작용도 가지고 있지요. 또 아직은 혈액암에만 효과를 보이고 있기 때문에 일반 고형암에 대한 효과도 보일 수 있어야 할 것입니다. 앞으로 이러한 부작용이 끊임없는 연구를 통해 개선되어 화학항암제의 대안으로 사용되는 것은 물론, 내성에 대한 걱정 없이 완전한 암 치료에 한발 더 가까이 갈 수 있게 되기를 바라봅니다.

현재 CAR-T와 같은 세포치료제는 수억 원에 달하는 고액의 치료 비용으로 인해 환자의 부담이 큽니다. 이는 환자의 혈액에서 면역세포를 분리하고, 유전자를 주입한 후, 대량으로 배양하는 과정에 숙련된 전문인력이 요구되기 때문입니다. 치료제의 생산 공정이 노동 집약적인 것 또한 치료 비용이 높은 하나의 이유가 되고 있는데요. 면역세포치료제를 생산하는 공정이 자동화되어 더 많은 사람들이 경제적 부담없이 면역항암제의 혜택을 받을 수 있기를 기대해 봅니다.

***　암 진단 후 5년 사이에 검사를 통해 암이 발견되지 않은 상태를 뜻합니다.

4

DNA는 범인을 알고 있다

○
○
○

DNA 진단기술

봉준호 감독이 연출한 영화 〈살인의 추억〉은 경기 남부 지역에서 발생한 연쇄 살인 사건을 모티브로 하는데요. 연출과 배우들의 연기가 뛰어나 인기를 불러일으킨 것도 있었지만, 실화를 바탕으로 한 데다 당시 범인이 10년 가까이 잡히지 않은 상황이라는 점 또한 영화의 흥행에 한 몫을 했습니다. 최근까지도 범인이 잡히지 않아 영구 미제사건으로 남을 뻔했지요.

그런데 이 사건의 진범이 최근 30여 년 만에 밝혀져 화제가 되었습니다. 경찰은 범인을 특정할 수 있었던 결정적인 증거로 DNA 분석 결과를 꼽았는데요. 경찰이 보관 중이던 피해자의 유류품에서 추출한 DNA와 범인의 DNA를 대조함으로써 범인의 특정이 가능했다고 합

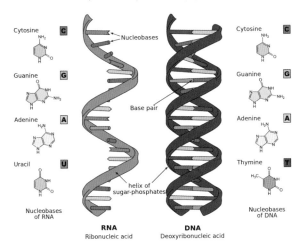

| RNA(좌)와 DNA(우)의 구조 |

Cytosine **C**
Nucleobases

Guanine **G**
Base pair

Adenine **A**

Uracil **U**
helix of
sugar-phosphates

Nucleobases
of RNA

RNA
Ribonucleic acid

Cytosine **C**

Guanine **G**

Adenine **A**

Thymine **T**

Nucleobases
of DNA

DNA
Deoxyribonucleic acid

니다. DNA 분석기술이 그 사이 발전한 것이 큰 도움이 된 것이지요. 그런데 경찰은 어떻게 오래되어 불완전한 데다 극미량으로 존재했을 범인의 DNA를 분석할 수 있었던 것일까요?

법의학 분석의 KEY, DNA의 안정성

이 질문에 답하기 위해서는 우선 DNA의 구조에 대해서 알아야 합니다. 위 그림에서처럼 DNA는 당과 인산으로 이루어진 뼈대에 핵염기nucleobase가 일정 간격으로 돌출된 구조를 가지는데요. 이를 핵산 중합체polynucleotide라고 합니다. 이러한 핵산 중합체 두 개가 마치 비틀린

지퍼와 같은 모양의 이중나선구조를 형성하며 DNA가 되는 것이지요. DNA의 바깥쪽에 있는 당-인산 뼈대는 안쪽의 핵염기를 보호하는 구조를 가집니다. 이렇게 당-인산 뼈대로 보호된 무수히 많은 핵염기 간의 결합은 DNA 이중나선구조를 안정화시키는 힘을 제공합니다.

덕분에 핵산의 다른 한 종류인 RNA에 비해 DNA는 안정적입니다. RNA가 불안정한 이유는 DNA가 이중가닥인 반면 RNA는 일반적으로 단일가닥이며 RNA는 분자 뼈대에 반응성이 높은 수산기^{hydroxyl group}* 를 가지고 있기 때문입니다. 이뿐만 아니라 우리 몸은 RNA를 유전물질로 가지는 바이러스로부터의 위험에 맞서기 위해서 끊임없이 무수히 많은 RNA 분해효소를 만들어 내고 있습니다.

DNA는 안정된 구조를 가지고 있을 뿐만 아니라 염색질의 기본 단위인 뉴클레오솜을 형성해서 세포 핵 내에 응축된 상태로 존재합니다. 이때 음전하를 띠는 DNA는 양전하를 띠는 히스톤^{histone} 단백질에 실타래처럼 결합하게 되지요. 이렇게 응축된 DNA는 DNA 분해효소처럼 DNA를 손상시킬 가능성이 있는 외부 요인들로부터 철저하게 보호를 받을 수 있습니다. 최근 과학잡지『사이언티픽 리포트^{Scientific} ^{Reports}』에 따르면 이러한 DNA의 안정성 덕분에 시료가 손상되었다 하더라도 뉴클레오솜 DNA는 잘 보존되어 법의학 분석에 활용될 수 있다고 합니다.

---

* 수산기는 물과 반응하여 가수분해를 일으킬 수 있습니다.

하나의 DNA도 진단한다, DNA 증폭기술

이뿐만 아니라 DNA는 원하는 부분만을 복제하거나 증폭시킬 수 있는데요. 이러한 DNA의 특성 또한 극미량의 시료만으로 분석을 해야 하는 경우가 많은 범죄수사에 큰 도움이 되고 있습니다. 얼마 전까지만 해도 범죄현장에 남아 있는 범인의 혈액 한 방울이나 머리카락 한 올에서 추출한 DNA는 너무 양이 적어서 의미 있는 유전자분석 결과를 얻기가 어려웠습니다. 그런데 DNA를 증폭하는 기술인 중합효소 연쇄반응polymerase chain reaction, PCR이라는 기법이 개발되고 난 후부터는 DNA를 이용하는 과학수사가 아주 활발하게 이용되고 있지요. PCR 검사라고 흔히 불리는 이 기법은 뒤에서도 살펴보겠지만 코로나19 검사에도 이용되고 있어 친숙한 이름이지요.

PCR 기법은 미국의 노벨 화학상 수상자인 캐리 멀리스Kary Mullis가 1980년대에 개발한 DNA 증폭방법으로, 현재는 거의 모든 생명공학 분야에서 광범위하게 활용되고 있습니다. 그렇다면 이 PCR 기법은 과연 어떤 방법으로 DNA를 증폭하는 것일까요?

먼저 DNA 용액을 90도 이상의 고온으로 가열해서 이중나선 DNA를 두 개의 단일가닥 DNA로 분리시킵니다. 용액 내에는 복제 지점에 결합할 수 있는 짧은 가닥의 DNA인 프라이머primer가 들어있어 분리

| PCR의 원리 |

Polymerase chain reaction - PCR

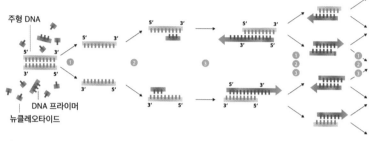

① Denaturation at 94-96℃
② Annealing at ~68℃
③ Elongation at ca. 72 ℃

된 단일가닥 DNA에 상보적으로 결합하게 됩니다.** 이후 DNA 복제
효소가 주형 DNA***와 프라이머가 결합한 부위를 복제 지점으로 인
식해서 복제를 시작하는 것입니다.

이러한 복제과정을 PCR 사이클이라고 하는데요. PCR 사이클이 반
복됨에 따라 하나의 DNA가 두 개가 되고 두 개가 다시 네 개가 되며
그 수가 기하급수적으로 증폭됩니다. 따라서 극소량의 DNA만 채취
하더라도 이를 대량으로 증폭하여 범죄수사의 증거로 활용할 수 있는
것이지요.

**   DNA는 A(아데닌), T(티민), G(구아닌), C(사이토신)의 네 가지 종류의 핵염기로 구성됩니다. A
는 T와, G는 C와 특이적으로 결합할 수 있는데 서로 다른 DNA의 염기서열을 마주 결합시켰을
때 핵염기 간에 특이적 결합이 가능하다면 이를 상보적이라고 합니다.
***   주형 DNA는 복제하고자 하는 표적 DNA를 의미합니다. 예를 들어, 코로나19바이러스 검사 시
바이러스로부터 가져온 DNA가 주형 DNA가 될 수 있습니다.

PCR 기술의 발전, 바이러스 진단에 이용되다

PCR 기법은 단순히 DNA를 증폭하는 데 그치지 않고 바이러스 유전자와 같은 표적 서열이나 유전 변이를 분석할 수 있는 실시간 중합효소 연쇄반응quantitative real-time polymerase chain reaction, qPCR 기법으로 발전했는데요. qPCR 기법은 DNA 이중나선에 끼어들어갈 수 있는 형광염료를 이용합니다. 형광염료가 DNA 이중나선에 끼어들어가게 되면 형광의 세기가 천 배 이상 밝아진다는 사실을 이용한 것이지요.

아데노바이러스의 진단을 예로 들어보면, 검사자에게 아데노바이러스가 발견된다면 PCR 사이클이 증가할 때마다 더 많은 아데노바이러스 DNA가 복제되고 DNA에 끼어들어가는 형광염료의 수가 늘어나 형광의 세기도 점점 더 밝아지겠지요. 이렇게 증가하는 형광세기를 관찰하면 복제되는 아데노바이러스의 양을 추정할 수 있습니다.

그런데 DNA가 아닌 RNA에는 PCR 기법을 적용할 수 없는데요. 잘 알려져 있다시피 코로나19바이러스의 경우에는 RNA를 유전물질로 갖고 있어 DNA를 진단하는 qPCR 기법을 바로 적용할 수는 없습니다. 따라서 RNA가 진단 표적이 되는 경우에는 RNA를 주형으로 DNA를 합성한 뒤에 PCR 기법을 적용하게 됩니다. 이러한 기법을 역전사 중합효소 연쇄반응reverse transcription polymerase chain reaction, RT-PCR이라고 합니다.

역전사 중합효소는 바이러스에서 처음으로 발견되었습니다. 예를 들어, 에이즈AIDS를 일으키는 인체면역결핍바이러스HIV나 코로나19바

| 레트로바이러스의 일종인 HIV의 구조: 단일가닥 RNA가 핵에 있다 |

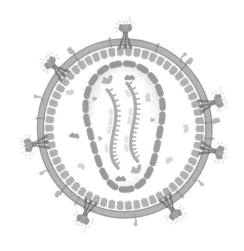

이러스와 같은 '레트로바이러스****'는 RNA를 주형으로 DNA를 합성할 수 있는 역전사 효소를 갖고 있는데요. 이 때문에 DNA를 유전물질로 이용하는 숙주세포에게 바이러스 RNA를 전달하더라도 DNA로 역전사하여 새로운 바이러스를 만들도록 시킬 수 있는 것이지요. 이 효소를 이용해 RNA를 역전사하여 인위적으로 합성한 DNA를 상보적 DNA^{complementary DNA, cDNA}라고 하는데요. 이렇게 만들어진 cDNA를 qPCR로 증폭하여 분석하면 극미량의 바이러스도 검출할 수 있게 되는 것이지요.

현재도 DNA 분석기술은 급속도로 발전하고 있습니다. 최근 서울

**** 레트로바이러스는 RNA를 유전물질로 갖고 있는 RNA 바이러스의 한 종류입니다.

대와 하버드 의과대학 공동연구팀은 분석에만 수 시간이 소요되는 RT-PCR 기법을 20여 분 내로 단축시킬 수 있는 나노 PCR 기법을 개발한 바 있습니다. 이러한 기술이 발전해서 진단 현장에서 DNA 분석 결과를 즉시 확인할 수 있게 된다면 앞으로 또 다른 팬데믹이 다가올 경우 이를 더 효과적으로 관리할 수 있을 것입니다.

DNA 분석기술은 생각보다 더 많은 곳에 쓰일 가능성이 있습니다. 최근에는 한국전쟁에 참전했던 미군의 유해에 이 DNA 분석기술을 이용해 전사자의 신원을 찾아내기도 했지요. 역사를 고증하는 고증학에도 쓰일 수 있을 것입니다. 또 이미 사용하고 있는 범죄수사 관련 분야에서도 억울하게 누명을 쓰게 되는 복역자를 가려내는 등 그 사용 범위가 점점 넓어질 수 있겠지요. DNA 분석기술의 정밀성과 정확도가 더 높아져서 사회적 역할의 범위도 더 넓어질 수 있다면 좋겠습니다.

5

세포들의 특별한 메신저

○
○
○

나노 소포체 진단기술

어린시절 한 번쯤 두 개의 종이컵을 실로 연결해 종이컵 전화기를 만들어 본 경험이 있을 것입니다. '실로 이어진 종이컵인데 정말 잘 들릴까?' 반신반의하며 소리를 내 봅니다. 그런데 신기하게도 꽤 먼 거리에 떨어져 있는데 바로 옆에서 이야기하는 것처럼 소리가 선명하게 들립니다.

그 이유는 소리가 공기가 아닌 실을 통해 전달되기 때문인데요. 우리가 일반적으로 소리를 내면 공기가 진동하며 소리가 전달되지만, 종이컵 전화기를 사용할 경우 음파가 종이컵 바닥을 진동시킵니다. 그리고 이 진동이 이어진 실을 통해 전달되면 반대쪽 종이컵에서 다시 음파로 바뀌어 상대편 귀에 들리게 되는 것이지요. 공기를 압축하고 팽창시키며 전파되는 음파보다, 실을 타고 전달되는 물리적 진동의 전달 효율이 더 높기 때문에 먼 곳까지 소리가 전달될 수 있습니다.

그런데 우리 몸속의 세포들도 이 종이컵 전화기의 실처럼 멀리 떨어진 다른 세포들과 대화를 하기 위해 특별한 메신저를 이용합니다. 이번 장에서는 이 특별한 메신저에 대해 소개하려고 하는데요. 그 전에 몸속 세포들이 왜 서로 대화를 하는지, 그리고 어떻게 대화를 하는지에 대해 먼저 알아보도록 하겠습니다.

세포들도 서로 대화를 한다, '세포간 대화'

세포들이 신호를 주고받는 것을 '세포간 대화cell-to-cell communication'라고 합니다. 인간이 대화할 때 언어로 된 '정보'를 주고받는 것처럼, 세포들도 '신호'를 주고받습니다. 세포들이 주로 전달하는 신호로는 신경전달물질, 호르몬, 사이토카인cytokine*들이 있는데요. 우리 몸의 포도당 대사에서 중요한 역할을 하는 호르몬인 인슐린을 예를 들어 봅시다. 췌장의 베타 세포에서 분비된 인슐린은 혈액에 녹아 혈관을 통해 전신으로 이동합니다. 그리고 주로 근육, 지방, 간조직의 인슐린 수용체와 결합하여 세포 내로 포도당 유입을 촉진시키라는 신호를 전달하게 됩니다.

---

* 　사이토카인은 주로 면역계에서 활용되며 면역반응 조절에 이용됩니다.

그런데 모든 세포신호가 인슐린처럼 체액에 녹아 멀리까지 안정적으로 전달될 수 있는 것은 아닙니다. 그래서 앞서 이야기했듯이 신호를 전달할 수 있는 매개체가 필요합니다. 특히 전달해야 할 신호가 막단백질membrane protein과 같은 지용성 단백질인 경우에는 물에 녹지 않기 때문에 신호를 전달받기도 전에 응집이 될 수도 있습니다. 혹 전달해야 할 신호가 RNA인 경우 세포 바깥에 존재하는 RNA 분해효소에 의해 분해되어 신호전달 자체가 불가능해질 수도 있지요. 그런데 바로 우리 몸에서 종이컵 전화기 역할을 하는 '세포밖 소포체extracellular vesicle' 덕분에 운반이 까다로운 신호도 멀리 있는 세포에게로 운반이 가능합니다.

소포vesicle란 세포막과 유사하게 인지질 이중층으로 싸여 있어 세포 내에서 독립된 영역을 차지하고 있는 세포 내 소기관입니다. 소포는 세포질cytoplasm과는 막으로 구분되어 있기 때문에 세포질의 환경과 다르게 유지될 수 있고 주로 세포에서 생산된 물질을 저장하거나 운송하는 역할을 합니다. 세포 안에 있는 소포와 달리 세포밖 소포체는 세포 밖으로 분비되는 나노 크기의 작은 소포를 가리킵니다. 소포를 구성하는 인지질은 지방과 유사한 구조를 가지지만 극성을 띠는 인산기가 결합되어 있는데요. 이 때문에 소포체는 지방의 소수성 특성과 극성을 띠는 인산기의 친수성 특성을 모두 가지게 되어 지용성 단백질도 응집없이 안전하게 운반할 수 있는 것이지요.

요즘 코로나19로 세간의 관심을 받고 있는 mRNA 백신에 대해 여

| 소포체의 구조: 리포좀과 마찬가지로 친수성 머리와 소수성 꼬리를 가졌다 |

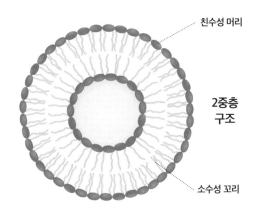

친수성 머리

2중층
구조

소수성 꼬리

러분도 많이 들어보셨을 텐데요. mRNA는 핵 안에 있는 DNA의 유전 정보를 세포 내 단백질 생산공장인 리보솜에 전달하는 RNA로, 단백질 합성의 주형이 됩니다. 이 역시 RNA이기 때문에 세포 내로 전달되기 전에 RNA 분해효소에 의해 분해될 가능성이 있지요. 그런데 이 mRNA가 세포밖 소포체에 싸인 채로 방출되면, 분해효소에 의해 분해되지 않고 안정적으로 수신세포에게 전달되어 유전자 발현을 조절할 수 있습니다. mRNA 형태로 전달되는 것보다 세포밖 소포체를 이용해서 전달하면 더 먼 곳까지 안전하게 세포신호가 전달될 수 있는 것이지요. 그래서 최근 코로나19 예방을 위해 사용되는 mRNA 백신도 이런 원리를 이용하고 있습니다.

이렇게 신호를 보내는 세포에서 세포밖 소포체를 분비함으로써 신호전달을 하지만, 이 과정에서 세포밖 소포체만 역할을 하는 것은 아닙니다. 신호를 수신 받는 세포도 나름 자신의 역할을 하지요. 신호를 수신 받는 세포에 있는 수용체가 바로 그 주인공입니다. 세포밖 소포체는 자신들을 보낸 발신세포와 동일한 막단백질들을 갖고 있는데요. 이것이 수신세포의 수용체와 선택적으로 결합하기 때문에 정확한 위치로 신호를 전달할 수 있게 됩니다.

이렇게 세포밖 소포체와 수신세포의 수용체가 결합하면, 두 가지 방법으로 신호전달의 효과를 낼 수 있습니다. 먼저 세포밖 소포체와 수신세포 수용체의 결합 그 자체만으로도 수용체와 관련된 세포의 활성을 조절할 수 있습니다.

예를 들어, 암세포에서 방출된 세포밖 소포체는 PD-L1을 소포체 표면에 과도하게 발현시킴으로써, 면역세포를 만났을 때 PD-1과 결합하게 해서 면역반응을 비활성화할 수 있습니다. 다른 경우로는 세포밖 소포체가 수신세포에 흡수돼서 신호전달물질을 직접 전달하기도 합니다. 세포밖 소포체에 있던 막단백질과 지질이 수신세포의 세포막과 융합되기도 하고, 세포밖 소포체에 있던 mRNA가 수신세포로 전달되어 유전자 발현을 조절하기도 합니다. 최근 유럽의 연구자들은 줄기세포로부터 방출된 세포밖 소포체 내에 세포 특이적 mRNA가 포함되어 있어서 이를 성체세포 내부에 전달하게 되면 줄기세포의 특성이 발현된다는 사실을 입증했습니다.

이렇게 세포밖 소포체가 우리 몸에서 아주 중요한 역할을 하고 있지만 불과 얼마 전까지만 하더라도 세포밖 소포체는 단순히 세포의

교실 밖에서 듣는 바이오메디컬공학

찌꺼기 정도로만 여겨지고 있었습니다. 우리가 세포밖 소포체의 역할에 대해 더 빨리 알 수 있었다면 질병의 발생 원인이나 우리 몸의 작동 원리에 대해 더 많이 알 수 있었을 텐데 아쉬운 일이지요.

세포의 대화를 엿들어 암을 진단한다

다행히 지금이라도 세포밖 소포체의 역할을 알게 되어, 최근에는 암세포의 세포밖 소포체에 대한 연구가 활발하게 진행되고 있습니다. 암세포에서 분비된 세포밖 소포체도 역시 다른 세포밖 소포체와 마찬가지로 신호전달의 매개체로서 암의 성장이나 전이에 관여한다는 사실이 밝혀지면서, 이를 질병 치료 및 진단에 이용하고자 노력하고 있는 것이지요.

세포밖 소포체에는 세포에서 유래한 단백질, 유전물질(DNA, RNA), 지질 등 다양한 세포 고유의 분자생물학적 정보가 들어있습니다. 따라서 세포밖 소포체가 가진 정보를 통해 모세포가 어떤 세포인지를 알아낼 수 있지요. 특히 암세포에서 분비된 세포밖 소포체에는 종양 유전자 및 종양단백질들이 가득 들어차 있을 것입니다. 암세포는 이러한 정보를 다른 세포에 퍼트리려고 노력하기 때문에, 암에 걸린 사람의 혈액, 소변, 침과 같은 다양한 체액 속에는 암세포에서 분비된 세포밖 소포체가 높은 농도로 존재하게 됩니다. 만약 체액에 들어있는 암세포의 세포밖 소포체를 찾아내서 분석할 수 있다면 간단히 체액을 이용해서 암을 진단할 수 있는 것은 물론이고 암세포가 가진 고유한 성질도 파악할 수 있게 되겠지요.

이렇게 체액을 이용해서 질병을 진단하는 방법을 액체생검liquid biopsy이라고 하는데요. 현재 암 진단을 위해서 주로 사용하고 있는 조직생검tissue biopsy**과 달리 액체생검은 찌르거나 절개하지 않고 간단히 채취한 채액을 이용하기 때문에 검사에 따른 위험이나 고통이 적습니다. 이렇게 체액을 이용해서 다양한 암을 간단히 조기에 진단하고 치료 효과를 예측할 수 있게 된다면 암의 진단과 치료에 있어 엄청난 변화가 있게 되겠지요.

한편 암세포에서 유래한 세포밖 소포체라 하더라도 발병 조직의 위치나 진행 정도에 따라서 소포체 내에 포함된 정보의 종류와 양이 다릅니다. 앞서 설명했듯이 세포밖 소포체는 신호를 보내는 원래 세포가 가진 고유의 분자생물학적 정보를 보존하고 있기 때문이지요. 예를 들어, 간암 환자와 비교해서 림프종 환자의 세포밖 소포체에는 EpCAM, CA125와 같은 막단백질이 더 높은 비율로 발현하지만 CD63*** 의 발현에는 큰 차이가 없다고 알려져 있습니다. 따라서 세포밖 소포체가 가지고 있는 분자생물학적 정보의 차이를 분석하면 암세

**   외과적 수술을 통해 병변 부위를 절개하거나 바늘로 피부를 찔러 세포에 도달하는 방법 등으로 병변 부위의 조직을 채취하여 암을 진단하는 방법입니다.

***   CD63은 세포밖 소포체 표지자로 EpCAM과 CA125는 종양표지자로 알려져 있습니다.

포의 유무뿐만 아니라 그 종류까지도 판별할 수 있다는 이야기지요.

암세포가 분비하는 세포밖 소포체를 감지해서 암세포를 추적하는 과정은 마치 암세포의 대화를 엿듣는 것 같기도 한데요. 최근 미국 플로리다대학의 탠^{Tan} 교수 연구팀은 암세포가 분비한 세포밖 소포체 표면에 발현된 7종의 막단백질 분석 결과에 기계학습^{machine learning} 알고리즘을 적용해서 자동으로 암을 분류하는 기술을 개발했습니다. 그 결과 유방암과 간암, 폐암 등 7종의 암을 조기에 진단하고 재발 가능성을 예측할 수 있다는 사실이 보고되었습니다.

알츠하이머도 정복할 수 있을까?

아직 초기 수준이기는 하지만 세포밖 소포체가 가지고 있는 다양한 유전정보와 분자생물학적 정보들을 활용해 암 이외의 다양한 질병도 진단하려는 연구가 진행되고 있습니다. 최근에는 치매 분야에서도 연구가 진행되고 있는데요. 싱가포르 연구진은 혈액 내 세포밖 소포체 중 베타 아밀로이드 단백질****이 결합된 소포체를 검출함으로써 알츠하이머 치매 진단에 활용하려는 연구를 진행하고 있으며, 이를 통해

**** 아직도 알츠하이머 치매의 정확한 발병 기전은 알려져 있지 않지만, 발병 이전부터 베타 아밀로이드 단백질이 응집하여 만들어진 플라크가 존재할 수 있으며 질병이 진행함에 따라 베타 아밀로이드 플라크의 양이 증가한다고 알려져 있습니다.

퇴행성 신경질환의 조기 진단이 가능할 것으로 기대하고 있습니다.

앞으로 세포밖 소포체를 이용한 진단 기법들이 더욱 발전하면 세포들의 '세포 언어'를 더 많이 더 정확하게 해석할 수 있게 될 텐데요. 그만큼 더 다양한 질병의 진단과 치료가 더욱 간단히, 그리고 더욱 정확하게 이루어질 수 있겠지요. 미래에는 마치 공상과학 영화에서처럼 매일 아침 소변 속의 세포 언어를 해석해 우리의 건강상태를 진단할 수 있게 되지 않을까 기대해 봅니다.

앞서 세포밖 소포체가 두 가지 방식으로 신호를 전달한다고 했지요. 그중 직접 신호물질을 전달하는 방법이 있었습니다. 따라서 세포밖 소포체가 가진 분자생물학 정보들을 활용해 질병을 진단하는 법 외에도, 세포밖 소포체 자체를 이용해 질병을 치료하는 방법에도 개발 가능성을 두고 있습니다. 세포밖 소포체에 포함된 mRNA를 치료물질로 만들어 보내는 것이지요. 이처럼 세포밖 소포체 관련 연구는 인간의 질병과 관련하여 무궁무진한 가능성을 가지고 있습니다.

6부

우리 뇌를
더 잘 이해해야 하는 이유

뇌를 수식으로 표현하다

뇌신경 수학적 모델링

영화 〈매트릭스〉는 인간이 뇌에 연결된 전선을 통해 컴퓨터에 연결되고, 이를 통해 세상을 보고 느끼는 미래 세계를 배경으로 하고 있습니다. 영화가 개봉된 1999년 당시로서는 참신한 것을 넘어서 매우 비현실적으로 느껴지는 설정이었지요. 영화의 주인공들은 감각과 근육이 가상현실에 연결되어 있어서 컴퓨터가 보내주는 자극을 통해 가상현실의 세상을 실제와 같이 살아갑니다. 20년이 지난 지금, 이제 3D 안경이나 프로그램을 통해 실제처럼 체험할 수 있는 가상현실은 현실이 되었습니다. '뇌-기계 인터페이스' 편을 통해 〈매트릭스〉와 같은 영화 속의 미래도 그리 먼 일이 아니라는 것을 살펴보았지요.

하지만 뇌-기계 인터페이스를 개발하려면 아직 헤쳐 나갈 것이 많긴 합니다. 우리 인체 내의 생물학적 환경 안에서 지속적으로 동작하는 전극을 만드는 것, 최대한 많은 세포의 전기신호를 동시에 측정하는 것, 신경세포뿐만 아니라 신경조절 화학물질의 변화를 측정하는 것 등 시간과 노력이 필요한 기술적 난제들이 많습니다.

　그중에서도 가장 근본적인 어려움은 무엇일까요? 저와 여러분의 뇌 속에 있는 천억 개 정도의 신경세포들은 뇌영역에 따라, 또는 모양과 구성에 따라 서로 다른 방식으로 신호를 만들고, 또 내보내고 있지요. 지금 이 순간에도 다른 신경세포들과 신호를 주고받으며 자기만의 역할을 하고 있습니다. 그렇기에 컴퓨터가 뇌에서 신호를 읽어낸다고 해도 이것이 무엇을 의미하는지 해석하는 단계까지 가는 것은 매우 어려운 길입니다. 마찬가지로 외부의 자극을 인공적으로 재현해 주기 위해 어떤 신경세포를 어떤 패턴으로 자극해 주어야 하는지를 알아내는 것 또한 쉽지 않지요.

우리 뇌를 수식으로 나타낼 수 있다면

　수학은 어떤 기계나 자연현상이 동작하는 원리를 표현하는 가장 논리적인 언어라고 할 수 있지요. 따라서 뇌 속 신경세포가 동작하는 방식에 대한 수식이 완성되고, 이것의 '해'가 뇌와 유사하게 동작할 때 우리는 뇌를 완벽하게 이해했다고 할 수 있을 것입니다. 이렇게 수식이 만들어지면 이를 공학적으로 활용하는 것 또한 가능해지겠지요. 수식이 마침내 컴퓨터에서 하나의 소프트웨어로 동작하게 되면 뇌처럼 동작하는 컴퓨터 기계, 즉 완벽한 인공지능이 될 것입니다.

이렇게 뇌처럼 동작하는 기계가 있다면 뇌질환을 치료하거나 뇌의 동작 방식을 연구하기 위해 뇌과학 실험을 할 필요도 줄어들겠지요. 컴퓨터에서 수식을 구현하는 것만으로 가상의 뇌에 뇌질환을 일으키거나 직접 뇌와 기계를 연결하지 않고도 뇌와 기계의 상호작용을 실험할 수 있게 될 테니까요. 뇌-기계 인터페이스를 통해 뇌에서 나오는 신호의 의미를 완벽하게 파악하는 것이 가능해지면 〈매트릭스〉의 현실도 실제가 될 것입니다.

닮은 듯 다른 뇌와 컴퓨터

그렇다면 현재 우리는 뇌에 대해 얼마나 수학적으로 파악하고 있을까요? 이에 대해 알아보기 전에 먼저 뇌의 구조와 원리에 대해 컴퓨터와 비교하며 알아보려고 합니다. 컴퓨터는 20세기에 인류가 만든 가장 놀라운 발명품 중 하나이지요. 인간이 설계한 것이기에 우리 뇌와 달리 공학자들은 컴퓨터가 어떻게 동작하는지 속속들이 알고 있습니다.

컴퓨터의 가장 작은 구성요소는 트랜지스터입니다. 전류가 상황에 따라 흐르기도 하고 안 흐르기도 하는 '반도체'의 성질을 활용한 전기

| 폰 노이만 구조 |

적인 스위치라고 할 수 있는데요. 여러 개의 트랜지스터를 서로 연결하면 간단한 연산을 수행하는 '논리게이트'가 구성됩니다. 이것들을 다시 한 땀 한 땀 연결하면 컴퓨터에서 가장 중요한 부품인 중앙처리장치Central Processing Unit, CPU가 완성되고 결국 하나의 컴퓨터가 완성됩니다. 이렇게 완성된 현대 컴퓨터의 구조는 이를 제안한 수학자의 이름을 따서 '폰 노이만 구조Von Neumann architecture'라 부르지요.

뇌로 돌아가 볼까요. 컴퓨터의 트랜지스터에 해당하는 뇌의 세포를 '뉴런'이라고 부릅니다. 뉴런은 우리의 생각을 만들고 우리가 세상을 인지하고 학습할 수 있게 해주는 기본 요소입니다. 우리 뇌는 대략 860억 개 정도의 뉴런을 가지고 있는데요. 인텔의 최신 i7 CPU가 30억 개 정도의 트랜지스터를 가지고 있다는 점과 비교하면 뇌가 얼마나 크고 복잡한지 상상이 갈 것입니다. 여기서 트랜지스터와 뉴런을 일대일로 비교하였지만, 뉴런이 10,000여 개의 다른 뉴런에서 신호를 받아 계산하는 반면 트랜지스터는 평균적으로 5개의 다른 트랜지스터와 연결돼 있다는 점을 생각하면 뇌와 컴퓨터의 복잡도 차이는 훨씬 더 크다고 할 수 있습니다.

트랜지스터는 우리가 흔히 아는 것처럼 0과 1의 디지털신호를 만들고 주고받습니다. 그렇다면 뉴런은 어떨까요? 놀랍게도 뉴런 역시 전기적으로 0과 1의 두 가지 상태를 가지고 이를 통해 정보를 나타내고 교환합니다. 컴퓨터와 다른 점이 있다면, i7 CPU의 '0'과 '1'의 전압차이가 1.4볼트 정도라면, 뉴런은 0.1볼트 정도로 상대적으로 적은 크기의 신호를 사용합니다.

더 구체적으로 말씀드리면 뉴런은 보통 때는 '0'의 상태에 있다가 정보가 들어오면 아주 짧은 시간 동안 '1'의 상태를 가지게 됩니다. 이 짧은 신호가 얼마나 빈번하게 발생하는가 하는 정보가 다른 신경세포에 전달되면 이를 통해 우리는 생각하고, 세상을 인지할 수 있게 되지요. 상상이 잘 되지 않는다면 영화 〈기생충〉과 〈엑시트〉에서 등장하는 모스 부호Morse Code와 유사한 패턴이라 생각하시면 됩니다. 지금 여러분이 이 책을 읽고 이해하는 것도 이러한 신호가 여러분의 뇌에서 오고 가기 때문입니다. 모스 부호가 발생하면 이것을 모아 뜻을 유추하는 것처럼 말입니다.

그런데 컴퓨터는 전원으로부터 전기를 공급받지만 뉴런은 어떻게 0.1V의 전기를 만들어 내는 걸까요? 우리 뇌 안에 발전소나 배터리가

교실 밖에서 듣는 바이오메디컬공학

있는 것일까요? 바로 '이온' 덕분입니다. 뉴런은 단백질과 액체로 구성되어 있고 음식물을 섭취하면 이들이 세포에 들어가서 전기적 성질을 가진 이온으로 분리되어 떠다니게 됩니다. 이러한 이온이 뉴런의 안과 밖을 재빠르게 오가면서 전기신호를 발생하게 되는 것이지요. 고체인 반도체가 전자를 통해 전기를 만들어 내는 것과는 아주 다른 원리입니다. 지금 책을 읽고 있는 이 순간에도 우리 뇌 속에 있는 1,000억 개의 뉴런이 저마다의 이온들을 활용해 전기적 신호를 만들어 내고 있다니 정말 신기한 일이지요.

또 하나 궁금해지는 사실이 있습니다. 우리 머릿속의 뉴런은 어떻게 짧은 '1' 신호를 만들 수 있는 것일까요? 뉴런이 만들어 내는 신호는 뉴런 안과 밖의 이온 농도 차이가 변함으로 인해서 발생하는데요. 그런데 이온은 전자에 비해 1억 배 이상 크기 때문에, 이를 빠르게 이동시켜서 '짧은' '1' 신호를 만들어 내는 것은 매우 복잡하고 어려운 일입니다.

다행히 우리 대신 이런 궁금증에 대한 답을 수학적으로 풀어낸 선구자들이 있는데요. 바로 호지킨Hodgkin과 헉슬리Huxley라는 신경과학 연구자입니다. 이를 발견한 공로로 1963년에 노벨상을 수상했으니 얼마나 중요한 연구인지 감이 오지요. 이들은 한국인의 식탁에 자주 오르는 오징어의 거대섬유 뉴런 안쪽에 전극을 꽂아 다양한 실험을 진행한 후 그 동작 원리를 4개의 수식으로 정리합니다. 미분방정식으로 이루어진 이 수식을 활용하면 다양한 형태의 신경세포의 동작을 정확하게 컴퓨터로 재현하는 것이 가능합니다.

| 호지킨과 헉슬리의 1963년 노벨상 수상 표지 사진 |

the Nobel Prize

International annual 1963 English edition

도전은 계속된다, 뇌의 수학적 모델링

하지만 애석하게도 뉴런이 만드는 신호의 동작 원리를 이해했다고 해서 '뇌'의 동작 원리를 이해하게 되는 것은 아니지요. 트랜지스터가 컴퓨터의 바탕을 이루지만 이것을 이해했다고 해서 컴퓨터의 동작 방식을 이해하는 것은 아니듯 말입니다. 뇌의 동작 원리를 이해하기 위해서는 여러 뉴런이 연결되어 서로 통신하며 동작하는 것을 수식으로 나타내는 것이 필요합니다. 이것이 우리가 지금까지 이야기한 목적이지요. 그런데 정말 뇌의 동작 원리를 수학적으로 나타내는 것이 가능할까요?

이 질문에 대한 답은 인류 역사상 가장 큰 규모의 뇌 연구인 휴먼브레인프로젝트Human Brain Project에서 찾아볼 수 있습니다. 유럽연합에서 무려 1조 3천억 원(10억 유로)의 연구비를 쏟아 진행한 이 프로젝트는 뇌회로의 연결성을 정밀영상으로 매핑하고, 이것을 그대로 컴퓨터에 구현하는 것을 목표로 했습니다. 궁극적으로 인간처럼 말하고 생각하는 컴퓨터를 만드는 것이 목표였지요.

하지만 우리 두뇌의 복잡도 때문에 1단계에서는 0.5mm 지름의 작은 뇌회로를 구현했고, 2단계에서는 생쥐의 감각 신경회로를 컴퓨터로 구현하는 데 그쳤습니다. 뇌의 복잡도와 연구 기술의 느린 발전을 감안하지 못하고 너무나 원대한 계획을 세워 목표달성에 실패한 사례이기도 하지요.

하지만 이 연구에서 얻어진 놀라운 결과가 있긴 합니다. 바로 컴퓨터에서 재현된 뇌회로도 '뇌파'를 가진다는 것이었지요. 많은 수의 가상 뉴런을 연결하여 구동하자, 뇌과학자들이 프로그램하지 않은 파동이 스스로 만들어지는 것을 확인한 것입니다. 단순히 우리의 뇌세포를 모델링한 공식들을 연결했을 뿐인데, 외부의 자극이 없이도 스스로 파동을 나타내 보인 것이지요. '스스로 생각하는 기계'의 가능성을 보여준 것이라고 할 수 있습니다.

휴먼브레인프로젝트에 천문학적인 연구비가 들어간 것에 비하면 그 결과물은 상대적으로 실망스러운 것이었습니다. 최초 목표가 사람처럼 말하고 생각하는 컴퓨터 프로그램을 만드는 것이었기 때문에 더 그렇지요. 그만큼 이 프로젝트는 우리의 뇌를 수학적으로 이해하기 위해서는 알아야 할 것이 너무나 많고, 현재의 기술과 연구 속도로는 앞으로도 가야 할 길이 멀다는 사실을 역설적으로 확인시켜 주었습니다.

그렇다고 뇌의 수학적 모델링을 포기해야 할까요? 뇌질환을 치료하기 위한 기기를 개발하기 위해 뇌의 수학적 모델이 필수적이라는 데에는 변함이 없습니다. 더불어 뇌처럼 생각하는 기계를 개발하기 위해서도 계산뇌과학은 매우 중요한 연구 분야입니다. 지금 이 순간에도 많은 연구자들이 다양한 뇌영역에서 뇌의 동작을 수학이라는 언어로 표현하기 위해 연구에 전념하고 있지요.

현재 계산뇌과학은 감각을 담당하는 뇌영역을 컴퓨터에서 재현하는 단계까지 그 연구를 진전시켜 왔습니다. 앞서 말한 것처럼 뇌의 복잡성으로 인해 그 발전 속도가 느리긴 하지만 계속해서 희망을 보고 있는 것이지요. 언젠가 뇌의 수학적 모델링이 완성된다면 뇌질환의 정복은 물론 우리에게 새로운 세계와 증강현실이 펼쳐질지도 모르겠습니다.

조금씩 우리 뇌의 작동원리에 대해 알아갈수록 많은 것들이 가능해질 것입니다. 뇌모방 인공지능은 물론, 인간과 구별하기 힘든 로봇, 실제보다 더 실제 같은 가상현실 등이 그런 예이지요. 그런데 가상세계에서 범죄가 발생한다면 어떻게 해야 할까요? 인공지능이 '생각'을 하게 되어 인간을 공격한다면 어떻게 해야 할까요? 기술이 발전할수록 우리 인간은 도덕과 법, 여러 가지 가치관에 대해서도 미리 생각하고 대비해야 할 것입니다.

교실 밖에서 듣는 바이오메디컬공학

2

인공지능을 진화시키는 뇌과학

○
○

뇌모방 인공지능

인공지능이 우리 삶을 바꿀 혁신적 기술이라는 것을 각인시킨 예가 있다면 단연 알파고의 등장이라 할 수 있지요. 2016년, 구글 딥마인드 Deepmind가 개발한 인공지능 알파고는 바둑 챔피언인 이세돌을 4승 1패로 이겼습니다. 다음해에 또 다른 바둑 챔피언인 커제가 알파고에게 3:0으로 졌으니, 이세돌의 1승이 인간이 알파고를 이긴 마지막 승으로 기록되게 된 것이지요. 당시에는 이 결과가 혁신적이라기보다 충격 그 자체였습니다.

바둑은 간단한 규칙에도 불구하고 돌을 놓을 수 있는 위치가 361개나 되기 때문에 게임을 이기기 위한 전략이 매우 다양하고 복잡합니다. 그래서 컴퓨터가 정복하기 힘든 게임으로 생각되어 왔지요. 이전에 IBM의 슈퍼컴퓨터가 체스 챔피언을 이긴 적이 있지만, 바둑의 난이도는 체스와 비교가 안 될 정도로 높습니다. 경우의 수가 엄청나기 때문이지요. 이렇게 복잡한 게임에서 인공지능이 바둑 챔피언들을 차례로 물리쳤다는 것은 인공지능이 스스로 학습함으로써 능력을 증강하고, 결국 인간을 능가할 수 있음을 보여준 역사적 사건이었습니다.

알파고는 이후에도 계속 업그레이드되어 새로운 분야에 적용되고 있는데요. 이렇게 업그레이드된 인공지능은 이제 어떤 능력을 보여주고 있을까요? 구글 딥마인드가 2020년에 발표한 '알파폴드AlphaFold'는 단백질의 배열을 입력하면 그것이 3차원으로 접히는 구조를 정확하게 예측해 과학계를 놀라게 했습니다.

앞에서도 살펴보았지만, 뇌뿐만 아니라 우리 몸의 각 기관이 서로 통신하고 조율하는 방법은 단백질을 통한 신호전달입니다. 대다수의

| 구글 딥마인드의 알파폴드가 예측해 낸 단백질 구조 |

질병이 이 전달에 문제가 생겼을 때 발생하기 때문에 단백질의 3차원 구조는 생물학과 의학 분야에서 궁극적 문제로 여겨져 왔지요. 반대로 이 단백질의 구조를 그려낼 수 있다면 질병 정복에 한 걸음 가까이 갈 수 있을 것이라 여겨져 왔습니다.

다국적 제약 회사들이야말로 새로운 약을 개발하는 데 핵심이 될 단백질의 구조를 파악하기 위해 수십 년 동안 천문학적 투자를 하며 노력해 왔지만 성공률은 기대만큼 높지 않았습니다. 단백질의 3차원 구조는 모든 구성입자들의 전기적, 화학적 특성을 고려해야 하기 때문에 기존의 기술로는 예측의 정확도를 높이는 것이 매우 어려웠습니다. 그런데 이렇게 의학적으로 중요한 기술을 알파고로부터 시작된 인공지능이 짧은 시간에 성공해 낸 것입니다. 알파고에서도 사용된 강화학습 기술을 통해 단백질 배열과 구조의 관계를 터득한 알파폴드는 새로운 배열의 단백질 구조를 성공적으로 예측할 수 있었지요.

이외에도 알파고의 업그레이드 버전으로 스스로 게임을 진행하고 학습하는 '알파고 제로', 전략 게임인 스타크래프트에서 인간을 뛰어넘는 성능을 보인 '알파스타' 등이 등장했는데요. 인공지능이 인간의 지능이 필수적이라고 생각되었던 영역을 하나씩 정복해 나가고 있음을 보여주는 사례입니다. 인간의 지능을 모방하여 만들어진 인공지능이 아이러니하게도 인간의 능력을 넘어서기 시작한 것이지요.

인공지능은 어떻게 시작되었을까?

그렇다면 인간의 지능을 모방한 인공지능은 언제, 어떻게 시작되었을까요? 인공지능의 역사는 뇌와 지능에 대한 인류의 호기심과 함께합니다. 고대 그리스 로마의 철학자들도 뇌가 어떻게 우리의 몸과 생각을 제어하는지에 대해 고민하고 이에 대한 가설을 제시했었지요. 그중 하나로 심장이 피를 밀어내듯이 뇌도 뇌 안에 있는 액체(뇌척수액)를 신경세포를 통해 밀어내어, 마치 포크레인의 팔이 움직이는 것처럼 우리의 근육을 움직인다는 이론이 있었는데요. 이 이론은 놀랍게도 16세기 르네상스 시대까지 정설로 받아들여졌습니다.

근대적 뇌 연구는 과학이 발전한 18~19세기가 되어서나 가능해졌지요. 르네상스를 넘어서며 다양한 실험 도구와 물리, 화학 현상에 대한 지식이 축적되면서 뇌 연구가 가능해진 것입니다. 예를 들어, 과학자들이 발견한 현미경 기술이나 전기신호에 대한 이해를 통해 비로소 인간 지능의 비밀이 하나둘씩 풀리기 시작합니다. 더불어 비슷한 시기에 일어난 산업혁명으로 기계식 컴퓨터도 만들어 냅니다. 놀랍게도 톱니바퀴로 구성된 이 기계들은 몇만 자리의 셈을 하거나 미분방정식을 푸는 등 인간의 지능이 필요하다고 생각되었던 어려운 일들을 척척 해내기 시작했지요. 하지만 인간처럼 기계가 스스로 학습하거나 스스로 능력을 증강할 수는 없었습니다.

당연히 인간은 여기서 멈추지 않았지요. 체스나 바둑 같이 지금까지는 기계로 대체할 수 없다고 생각한 인간의 능력을 모방하는 데까지 그 도전을 시작한 것입니다. 이것이 인공지능의 시작이지요. 그런데 여기서 말하는 '인간만이 할 수 있는 능력의 핵심'은 '두뇌'에서 비롯됩니다. 때문에 인공지능의 탄생은 인간의 뇌가 가진 지능의 원리를 연구하는 학문인 뇌과학과 함께하게 되었지요.

뇌과학과 함께 시작한 인공지능

뇌과학은 방금 소개한 것처럼 우리 뇌가 가진 지능을 연구하는 학문으로, 이러한 연구를 통해 뇌의 동작 원리를 이해하는 것을 목적으로 합니다. 뇌과학은 크게 '뇌의 구조', 그리고 '신호체계에 관한 연구'로 나눌 수 있는데요. 쉽게 말해 컴퓨터의 하드웨어와 소프트웨어에 해당한다고 보면 됩니다. 앞서 말씀드린 것처럼 뇌과학의 역사를 따라가면 인공지능의 역사를 함께 살펴볼 수 있지요.

먼저 하드웨어에 해당하는 '뇌의 구조'의 대한 연구는 현미경 기술의 발전이 결정적인 역할을 했는데요. 현미경이 개발되고 활용되기 시작한 19세기의 과학자들에 의해 비로소 우리의 뇌가 뉴런이라는 작은 세포들로 구성되고, 무수히 많은 뉴런들이 신호를 전달하는 방식을 통해 동작한다는 것이 밝혀집니다. 현미경 기술을 통해 뇌의 세세한 부분을 더 넓게 보기 위한 노력은 현재까지도 진행 중인데요. 최근

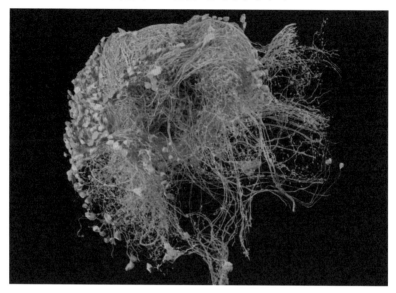

에는 전자현미경 기술을 사용해 나노미터 단위까지 신경세포의 3차원 구조와 세포 간의 연결을 매핑한 뇌지도가 만들어졌습니다.

뇌의 소프트웨어에 대한 이해 역시 18세기 이후를 기점으로 이루어졌는데요. 그 이해의 시작에는 전기의 발견이 큰 몫을 했습니다. 이전까지만 해도 어떤 방식으로 뇌의 신호가 근육까지 전달되는 것인지 알려지지 않았는데요. 18세기 말에 전기가 발견되고, 전기 자극이 근육을 움직일 수 있다는 것이 갈바니의 개구리 근육 전기자극실험을 통해 밝혀지면서 뇌의 신호전달이 전기와 관련 있다는 점이 확인된 것이지요. 뇌의 소프트웨어를 이해하기 위해 전기신호를 측정하면 된다는 사실은 인공지능 개발에 핵심이 되었습니다.

인공지능의 토대가 된 20세기

20세기 전반부에 들어서는 인공지능의 토대가 된 이론들이 발견되고, 연구되기 시작합니다.

뉴런들이 시냅스라는 구조를 통해서 서로 신호를 준다는 것이 확인된 것도 바로 이 시기이지요. 중학교 생물시간에 처음 보게 되는 아래 그림이 바로 뉴런의 시냅스 구조입니다. 수상돌기dendrite라는 나뭇가지처럼 생긴 구조가 다른 뉴런들에게서 정보를 받아 이를 계산한 후, 이것을 신호로 만들어 축삭돌기axon라는 일종의 출력 케이블을 통해 다른 뉴런에 내보내는데요. 이 사실은 당시 새로 개발된 염색 기술과 현미경 기술을 통해 밝혀집니다.

그리고 이 발견과 함께 인공지능의 '전신'이 탄생합니다. 인공지능의 조상 같은 존재라 할까요. 바로 뉴런의 시냅스 구조에 기반한 '인공 신경세포' 모델이 1943년 처음으로 만들어집니다. 인공세포 모델은

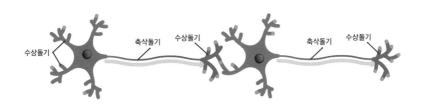

| 시냅스의 구조도 |

시냅스 구조의 신호전달 방식을 살린 것으로, 기존의 컴퓨터 구조와는 완전히 다른 방식의 계산법의 토대가 됩니다.

또 뉴런이 다른 뉴런에 신호를 전달하기 위해 순간적으로 세포의 전압을 올려 모스 부호와 같은 통신 신호를 만드는 원리 또한 이 시기 무렵에 앞서 언급했던 호지킨Hodgkin과 헉슬리Huxley에 의해 밝혀집니다. 이 발견은 이후 뇌를 모방한 인공신경망 연구에 핵심적인 역할을 하게 되는데요. 인공신경망은 뇌의 구조와 신호전달 방식을 활용한 기법으로 우리의 뇌와 동일하게 뉴런과 시냅스로 구성된 구조를 가지고 있습니다. 이 구조는 인공지능 신경망이 특정 기능을 수행하게 하는 데 핵심적인 역할을 하는 기술이지요.

'튜링테스트'로 유명한 천재 수학자 앨런 튜링Alan Turing 또한 이 시기 활약한 인물입니다. 인간의 지능을 모방한 컴퓨터에 관심이 많았던 그는 기계가 인간처럼 생각할 수 있는 가능성을 수학적으로 공부하기 시작했는데요. 인공지능과 사람의 지능을 비교 테스트하여 지능을 수학적으로 정의하고 비교하는 튜링테스트 실험을 제안합니다. 예를 들어 가려진 상자 안에 있는 상대와 종이에 적은 메시지로 대화를 주고 받은 후, 상자 안의 대상이 기계인지 인간인지 구별하지 못한다면 인간의 지능을 가진 기계가 개발되었다고 볼 수 있다는 것입니다. 이를 통해 튜링은 인공지능의 최종 목적이 무엇인지를 제시하였습니다. 물론 실제 인공지능을 만드는 방법을 제시한 것은 아니라는 한계는 있지만, 인공지능에 대한 연구를 불러일으켰다는 점에서 큰 의의가 있습니다. 튜링테스트의 원래 이름은 이미테이션게임imitation game으로, 튜링의 삶을 다룬 영화의 제목으로 사용되기도 했지요.

현재의 인공지능, 즉 'AIArtificial Intelligence'라는 단어도 이 시기 1956년의 다트머스워크샵Dartmouth Workshop에서 처음 탄생했지요. 미국 다트머스대학의 이 모임에서 현대적 인공지능을 다양한 형태로 발달시킨 존 매카시John McCarthy, 마빈 민스키Marvin Minsky와 같은 젊은 수학자와 공학자들이 탄생하기도 했습니다. 20세기 전반기에는 이렇게 다양한 발견과 연구를 통해 인공지능의 토대가 되는 이론들이 어느 정도 구체화되기 시작합니다.

20세기 후반부에는 현재 인공지능 기술의 핵심을 이루는 기술들이 연구됩니다. 대표적인 기술로 두 가지를 들 수 있는데요. 첫 번째는 합성곱신경망Convolution Neural Network, CNN입니다. 합성곱신경망은 1959년 노벨상을 수상한 뇌과학자 후벨Hubel과 위즐Wiesel이 발표한 고양이 시각피질 연구결과에서 시작되었는데요. 이들은 고양이 머리 뒤쪽에 있는 시각피질에 전극을 삽입하고 이곳의 신경세포들이 어떤 모양의 시각자극에 반응하는지를 연구했지요.

이곳에 있는 어떤 시각 신경세포들은 막대 형태의 물체가 이동하거나 깜박거릴 때 반응했는데요. 막대의 방향에 따라서 반응하는 신경세포들이 달랐습니다. 그런가 하면 어떤 신경세포들은 경계나 점과 같은 낮은 수준의 패턴을 조합해서 보다 복잡한 대상에 대해 반응한다는 것을 알게 됐습니다. 이러한 연구결과를 바탕으로 1980년대에 합성곱신경망이 인공지능에 도입되었고, 현재까지 가장 널리 사용되는 인공신경망 구조로 자리잡았습니다. 합성곱신경망도 뇌의 시각피질에서처럼 낮은 수준의 패턴들을 조합하여 보다 복잡한 수준의 패턴을 인식할 수 있도록 구성되어 있습니다. 이런 원리로 합성곱신경망은 인공지능이 다양한 자극 패턴을 인식할 수 있도록 도와주지요.

하지만 그저 특정 모양의 물체를 인식할 수 있는 데 그친다면 반쪽짜리 인공지능입니다. 인식하는 것은 물론 계속해서 스스로 학습할 수 있어야 진정한 뇌모방 인공지능이지요. 이를 가능하게 하는 것이 바로 두 번째 핵심 기술인 강화학습Reinforcement learning으로, 신경망을 어떻게 학습시킬지에 관한 방법론이라 할 수 있습니다. 강화학습은 신경망의 시냅스들이 새로운 물체나 행동을 배울 수 있도록 하는 방법이지요.

강화학습 역시 포유류의 뇌를 연구하면서 정립된 이론입니다. 1990년대에 기저핵Basal ganglia이라는 뇌영역의 도파민신호가 학습과정에서 들어오는 보상을 예측한다는 것이 알려졌고, 이를 인공지능 학습에 적용한 것이 현재의 강화학습으로 발전한 것이지요. 이세돌을 이긴 알파고가 바둑을 학습하는 방식도 이 강화학습 원리를 사용하고 있습니다.

이렇게 고양이의 시각피질과 원숭이의 기저핵을 연구한 결과들이 발전해 현재의 인공지능 기술의 핵심 원리로 자리잡았는데요. 이렇게 시작된 근대의 인공지능 연구는 우여곡절 끝에 인간 바둑 세계 챔피언을 이기는 쾌거를 이룹니다. 최근에 널리 보급된 스마트 스피커의 음성인식 능력, 미국 애리조나에서 서비스되고 있는 무인 택시의 자율 운전 능력, 의료영상을 보고 병을 진단하는 기술 또한 모두 인공지능을 통해 가능해졌지요.

인공지능이 나아갈 길

하지만, 현재 인공지능의 한계는 무엇이고, 이것을 뛰어넘기 위해서는 어떤 연구가 필요할까요? 인공지능을 탑재한 자율주행 자동차가 가로지르는 트레일러를 인식하지 못해 정면으로 충돌하고, 인공지능이 사람의 눈에는 전혀 보이지 않는 미묘한 잡음 때문에 눈에 보이는 물체를 인식하지 못하거나, 사람의 눈에는 추상화처럼 보이는 그림을 불가사리로 인식하는 등의 문제가 속속들이 보고되고 있습니다. 이렇게 오류가 생길 수 있는 인공지능 기술은 실제 인간 생활에서 치명적인 약점으로 작용할 수 있고, 생명의 위험을 불러올 수도 있습니다.

하지만 인공지능은 여전히 우리 삶의 질을 높여줄 수 있는 탁월한 기술이지요. 그래서 현재의 인공지능을 한 단계 더 발전시켜야 한다는 목소리가 곳곳에서 들려오고 있습니다. 이것이 세계의 과학과 기술을 선도하는 나라들이 경쟁적으로 인공지능 연구에 투자하며, 차세대 인공지능 기술을 선점하기 위해 노력하고 있는 이유입니다. 이러한 상황에서 모두가 주목하고 있는 것은 역시, 다시 돌아가 뇌과학입니다. 결국 현재 인공지능의 단점을 보완하기 위해 사람이나 다른 동물의 뇌를 더 자세히 연구하여 문제점을 해결하기 위한 돌파구를 찾자는 접근입니다.

현재의 인공지능은 기저핵과 시각피질 연구에서 시작되었지만 이들이 우리의 뇌에서 차지하는 비중은 10% 정도에 지나지 않습니다. 우리 뇌의 나머지 영역들도 외부의 감각정보를 처리하고, 생각하고, 결정하고, 학습하는 데 중요한 역할을 하지요. 이렇게 다양한 뇌영역에 대한 연구가 심화되고 이것들이 인공지능에 사용될 수 있을 때, 비로소 지금의 인공지능의 단점을 보완한 진정한 의미의 인공지능의 개발이 가능해질 것입니다.

인공지능 이론의 토대가 만들어질 당시 MIT대학의 노버트 위너Nobert Wiener는 '사이버네틱스'라는 분야를 개척해 많은 사람에게 영향을 미쳤습니다. 현재의 인공지능과는 달리 사이버네틱스는 뇌의 원래 구조를 조금 더 충실히 모방하려 했는데요. 인공지능의 한계를 넘어서기 위해 사이버네틱스의 이론을 적극적으로 활용해야 한다는 목소리도 있습니다. 하지만 위너는 사이버네틱스가 발전해 인간이 기계에 의해 조종 당할 가능성에 대해 고민하고, 이런 부분에 대한 경고의 목소리도 강하게 냈는데요. 정말로 우리의 '뇌'를 제대로 모방한 청출어람 인공지능이 탄생한다면, 우리가 어떻게 이 기계를 통제하고 다뤄야 할지, 그 시대를 살아갈 우리가 가져가야 할 가치관과 법은 어떠해야 할지에 대한 담론 또한 미리 이루어져야 할 것입니다.

3

생각이 업로드 되었습니다

∘
∘
∘

뇌신경계 시뮬레이션 기술

2014년에 개봉한 영화 〈트랜센던스Transcendence〉에는 죽음을 앞둔 세계적인 인공지능 연구자인 윌 박사의 뇌를 슈퍼컴퓨터에 업로드하는 장면이 등장합니다. 이 SF 영화에는 '마인드 업로딩Mind Uploading' 과정이 비교적 상세하게 묘사되어 있는데요. 윌 박사가 개발한 슈퍼컴퓨터인 '트랜센던스'에 윌 박사 뇌의 모든 신경망 구조를 저장한 다음, 신경세포들을 연결하는 시냅스나 신경섬유의 연결 강도 정보를 학습을 통해 알아내는 장면이 등장합니다. 물론 이 장면은 어디까지나 SF 영화에 등장하는 설정일 뿐이지 이 기술이 현실에서 가능하다는 이야기는 절대 아닙니다. 하지만 한 인간의 뇌에 있는 모든 신경회로망의 연결성 정보를 알아낸다면 컴퓨터에 그 사람의 생각을 업로드할 수 있는 것은 물론, 더 나아가 컴퓨터 안에서 그 사람을 구현하는 것이 가능할지도 모른다는 증거는 있습니다.

예쁜꼬마선충과 커넥톰

여러분 혹시 예쁜꼬마선충C. Elegans이라는 작은 선충에 대해 들어본 적이 있나요? 이 선충은 1밀리미터 정도의 몸길이를 가진 아주 작은 선충입니다. 토양에 포함된 박테리아를 먹고 자라며 수명은 2~3주에 불과한 이 평범한 선충은 보잘 것 없는 외형에 비해 아주 멋진 이름을 갖고 있는데요. 이 작은 선충이 우리 인류의 과학 발전에 얼마나 큰 기여를 해 왔는지 알게 된다면 더 멋진 이름을 지어주지 못한 것에 대해 오히려 미안한 마음이 들지도 모릅니다.

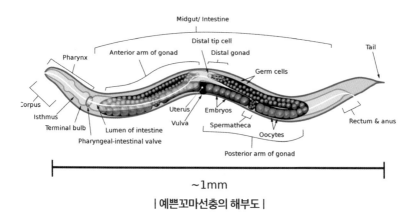

| 예쁜꼬마선충의 해부도 |

예쁜꼬마선충은 배양이 쉽고 구조가 단순할 뿐만 아니라 몸체가 투명해서 관찰이 쉽기 때문에 유전공학, 노화의학, 해부학, 뇌과학 분야 연구에서 실험대상으로 많이 사용돼 왔습니다. 예쁜꼬마선충은 지구상에 존재하는 다세포 생물 중에서 DNA의 염기서열이 최초로 분석된 생물이기도 합니다. 모든 정상적인 예쁜꼬마선충은 959개(수컷은 1,031개)의 세포로 구성돼 있는데요. 그중에서 신경세포의 수만 세면 전체의 1/3 정도인 302개입니다. 인간의 뇌에서처럼 이들 신경세포는 서로 복잡하게 얽혀서 네트워크를 형성하고 있는데요. 예쁜꼬마선충 한 마리에는 대략 7,000개 이상의 시냅스synapse(신경접합부)가 있습니다.

1986년, 미국 위스콘신 주립대의 존 화이트John White 교수 연구팀은 예쁜꼬마선충을 8,000장의 얇은 절편으로 잘라낸 다음에, 전자현미경으로 촬영한 사진으로부터 선충의 모든 신경세포와 시냅스의 구조를 파악해 내는 데 성공했습니다. 지금까지도 예쁜꼬마선충은 지구상에 있는 다세포 생명체 중에서 유일하게 모든 신경세포 사이의 연결성 정보가 완벽하게 밝혀진 생명체로 남아 있지요. 신경과학자들은 이와 같은 신경세포의 연결성 지도를 '커넥톰connectome'이라고 부르기 시작했는데요. 커넥톰은 연결을 뜻하는 영어 단어인 '커넥티비티connectivity'와 유전체를 뜻하는 '게놈genome'을 합쳐 만든 신조어입니다.

컴퓨터 속의 인공생명체?

예쁜꼬마선충의 신경 네트워크 구조는 완벽하게 밝혀졌지만, 신경세포와 신경세포 사이의 연결성 강도 정보는 전자현미경만으로는 알아낼 수가 없었습니다. 그러던 1999년, 미국 캘리포니아주립대 리버사이드 캠퍼스UC Riverside 컴퓨터공학과를 졸업한 티모시 버스바이스Timothy Busbice는 우연한 기회에 예쁜꼬마선충의 커넥톰이 완성됐다는 소식을 듣게 되었습니다. 티모시가 이 사실을 처음 접했을 때에는 인공신경망Artificial Neural Network, ANN이라는 기술이 컴퓨터공학 분야에서 큰 주목을 받고 있었는데요. 이 기술은 이후 10여 년이 지난 뒤에 심층신경망Deep Neural Network으로 발전되어 현재의 인공지능 연구 붐을 불러왔습니다.

알파고와 이세돌의 대결을 계기로 우리에게도 잘 알려진 심층신경망도 기본적인 원리는 1990년대의 인공신경망과 크게 다르지 않습니다. 우선 생명체가 가진 자연적인 신경망의 구조와 원리를 모방해서 '뉴런'과 '시냅스'를 가진 인공적인 신경망을 구성합니다. 각 시냅스의 연결 강도를 알아내기 위해서는 다양한 상황에서 얻어진 데이터를 인공신경망의 입출력 값으로 집어넣어 '학습learning' 과정을 거치면 됩니다. 티모시는 예쁜꼬마선충의 커넥톰 정보를 인공신경망 형태로 컴퓨터에 입력한 뒤에 살아있는 예쁜꼬마선충으로부터 얻은 생물학적 데이터를 이용해 신경망을 학습시켜 시냅스의 연결 강도를 알아낸다면 컴퓨터 안에서 가상의 예쁜꼬마선충을 만들어 내는 것이 가능하지 않을까라는 획기적인 아이디어를 구상합니다.

이후 10년이 넘는 시간 동안 아이디어로만 머물러 있던 티모시의 생각은 스티브 라르손Stephen D. Larson이라는 젊은 신경과학자를 만나면서 구체화됩니다. 스티브는 MIT에서 컴퓨터공학 석사학위를 취득한 뒤 캘리포니아주립대 샌디에이고 캠퍼스UC San Diego에서 신경과학 박사학위에 도전하고 있던, 꽤나 독특한 이력을 가진 젊은 연구자였습니다. 2011년, 티모시와 스티브는 오픈웜OpenWorm 프로젝트라는 비영리 단체를 조직하는데요. 이 프로젝트의 궁극적인 목적은 예쁜꼬마선충이라는 생명체를 완벽하게 시뮬레이션함으로써 인류 역사상 처음으로 컴퓨터 안에서만 존재하는 '인공생명체'를 구현하는 것이었습니다.

그들은 자신들의 능력만으로는 목적을 달성하기 어렵다는 사실을 깨닫고 연구에 필요한 모든 정보와 소프트웨어를 오픈웜 웹사이트 openworm.org를 통해 전 세계에 공개했습니다. 이들이 우선 집중했던 주제는 예쁜꼬마선충의 302개의 신경세포와 95개의 근육세포를 시뮬레이션해서 예쁜꼬마선충의 움직임을 컴퓨터 안에서 완벽하게 구현하는 것이었습니다. 티모시와 라르손은 우선 지난 수십 년간 예쁜꼬마선충을 대상으로 행해져 온 다양한 실험을 통해 관찰된 예쁜꼬마선충의 행동 데이터를 수집했습니다. 그리고 이 데이터를 이용해서 신경망의 연결 강도를 찾아냈고, 결국 특정한 조건에서 예쁜꼬마선충의 움직임을 컴퓨터 시뮬레이션으로 재현하는 데 성공했지요.

2014년, 티모시 버스바이스는 예쁜꼬마선충의 단순화된 커넥톰 데이터를 레고 EV3 로봇에 이식한 뒤에 로봇이 어떤 움직임을 보이는지를 관찰하기도 했습니다. 로봇에 부착된 다양한 센서에서 측정한 데이터(예쁜꼬마선충의 촉각 정보에 해당함)가 감각 신경세포의 입력신호로 주어지면 이 신호는 예쁜꼬마선충의 신경망을 거친 뒤 다시 운동 신경세포로 전달됩니다. 운동 신경세포는 로봇에 장착된 모터(예쁜꼬마선충의 근육세포에 해당함)에 연결되어 로봇의 움직임을 제어합니다. 결과는 실로 놀라웠습니다. 티모시가 로봇에 어떠한 행동 패턴 알고리즘도 입력하지 않았음에도 불구하고 예쁜꼬마선충 로봇은 다양한 환경 변화에 대해 자율적인 반응을 보였습니다. 시연회가 끝난 뒤, 티모시는 언론과의 인터뷰에서 다음과 같이 말했습니다.

"로봇에 장착된 소나sonar 센서를 자극하면 전진하던 로봇이 멈추고 전면부와 후면부에 장착된 터치 센서를 건드리면 로봇이 전진하거나 후진을 합니다. 푸드food 센서를 자극하면 로봇이 앞으로 나아가죠. 저는 이런 움직임 패턴을 로봇에 전혀 프로그래밍하지 않았습니다. 로봇은 그저 예쁜꼬마선충의 신경회로망이 만들어 내는 제어 명령에 따라 작동한 것입니다."

물론 티모시가 구현한 로봇의 움직임은 실제 예쁜꼬마선충의 움직임과는 다소 차이가 있었습니다. 이는 예쁜꼬마선충의 커넥톰 연결 강도 정보가 아직 완전치 않음을 의미하는 것이기도 하지요. 그럼에도 불구하고 티모시의 로봇 실험은 한 생명체의 커넥톰 정보를 컴퓨터에 입력함으로써 그 개체를 기계적으로 구현할 수 있다는 것을 이론적으로 보여줬다는 데 중요한 의미가 있습니다.

물론 현재는 불과 302개의 신경세포와 7,000여 개의 시냅스를 가진 단순한 생명체를 컴퓨터에 업로드하는 것도 힘든 수준이니 860억 개의 신경세포와 100조 개에 달하는 시냅스로 구성된 인간의 뇌를 컴퓨터에 업로드한다는 것은 거의 불가능에 가까워 보입니다. 그럼에도 저는 우리 인류가 '마인드 업로딩'이라는 궁극의 목표를 향해 계속해서 나아갈 것이라고 믿습니다. 인류의 역사를 돌이켜 보면 단 0.0001%의 가능성을 바라보고 자신의 일생을 바쳤던 수많은 과학자들과 기술자들이 있었고, 그들의 노력이 모여 지금의 과학 기술이 탄생했다는 것은 부인할 수 없는 사실이니까요.

최근 들어 뇌공학자들은 인간의 뇌신경계를 시뮬레이션해서 컴퓨터 안에서 인공 두뇌를 만들어 내는 연구에 몰두하고 있습니다. 이런 연구는 매우 중요한 의미를 가지는데요. 우선 인간의 뇌를 모방해서 만든 컴퓨터를 통해 다양한 뇌질환이 왜 생겨나고 어떻게 치료할 수 있을지에 대한 실마리를 얻을 가능성이 있습니다. 그런가 하면 컴퓨터 안에서 뇌를 시뮬레이션하는 과정을 통해 새로운 뇌과학 이론을 만들어 낼 수도 있죠. 살아있는 동물이나 인간의 뇌를 연구하기란 여간 어려운 일이 아니거든요. 이런 연구를 하기 위해서는 수학 공부를 열심히 해야 합니다.

4

뇌가 사용하는 언어가 있다?

○
○
○

신경코드 해독

앞서도 소개한 SF 영화의 걸작 〈매트릭스〉에는 주인공인 네오^{Neo}의 뒷통수에 기다란 바늘 형태의 전극을 꽂고 주짓수 프로그램을 뇌에 업로드하는 장면이 등장합니다. 잠시 후 네오는 "아이 노우 쿵푸"라는 말과 함께 가상세계 속에서 쿵푸의 고수로 다시 태어나지요.

3부에서도 등장했던 미국의 기업가이자 '혁신의 아이콘'으로 불리는 일론 머스크는 2017년에 뉴럴링크의 설립을 발표하면서 "미래에는 외국어를 따로 학습할 필요 없이 신경신호 형태로 변환된 외국어 정보를 직접 뇌에 주입해 언어를 익히는 것도 가능해질 것"이라는, 다소 파격적인 예상을 하기도 했습니다. 그는 한발 더 나아가 "인류가 나날이 발전하고 있는 인공지능과 맞서 싸울 수 있는 유일한 방법은 인간의 뇌 위에 인공지능 층^{layer}을 만들고 자연적인 두뇌와 인공두뇌를 연결하는 것뿐"이라는 주장도 펼쳤지요.

'뇌-기계 인터페이스' 편에서도 소개한 것처럼 실제로 일론 머스크는 2021년 원숭이 뇌에 작은 동전 크기의 신경 인터페이스 장치를 삽입하고 생각만으로 간단한 게임을 하게 하는 데 성공합니다. 방식은 조금 다르지만 호주의 싱크론^{Synchron}이나 프랑스의 클리나텍^{Clinatec}과 같은 회사에서는 이미 사람을 대상으로 하는 뇌-기계 인터페이스 시스템을 성공적으로 선보이기도 했지요.

이와 같은 뇌-기계 인터페이스 시스템의 성공을 보고 있노라면 마치 인간이 이미 뇌의 언어를 이해해서 개인의 의도나 생각을 읽어낼 수 있는 게 아닌가 하는 착각을 하게 됩니다. 앞서 '뇌신경의 수학적 모델링' 편에서 살펴본 것처럼 우리 뇌는 '모스 부호'와 비슷한 형태의, 0과 1의 조합으로 구성된 암호 형태의 신호를 이용해서 정보를 처리합니다. 그렇다면 우리는 '신경코드$^{Neural\ Code}$'라고 불리는 이 뇌의 언어를 얼마나 이해하고 있을까요? 1 퍼센트? 10 퍼센트? 놀라지 마세요. 제가 생각하는 답은 0 퍼센트입니다. 한마디로 전혀 이해하지 못하고 있다고 해도 과언이 아닙니다.

현재의 뇌-기계 인터페이스 시스템은 뇌의 언어를 해독해서 사람의 생각이나 의도를 읽어 낸다기보다는 지문인식과 비슷한 방식으로 작동합니다. 어떤 사람이 서로 다른 행동이나 생각을 할 때 발생하는 뇌신호의 패턴을 데이터베이스에 미리 저장해 두었다가 이후에 측정되는 뇌신호에서 이미 저장된 패턴과 비슷한 패턴이 관찰되면 그 사람이 어떤 행동이나 생각을 하는지를 역으로 알아내는 것이지요.

아직 뇌가 만들어 내는 신경코드에 담긴 의미는 이해하지 못하고 있지만, 우리가 사물을 볼 때나 말을 할 때 발생하는 신경신호에 기계학습 기술을 적용해서 보고 있는 대상이나 하고 있는 말을 알아내는 연구는 활발히 진행되고 있는데요. 그 가능성을 가장 먼저 보여준 사람은 미국 캘리포니아 주립대 버클리 캠퍼스UC Berkeley의 신경생물학과 교수, 양 댄Yang Dan입니다.

꿈을 저장할 수도 있다고?

중국계 미국인이자 여성 과학자인 댄 교수는 1994년 뉴욕에 있는 컬럼비아대학교Columbia University 생물학과를 졸업하고 1997년 UC 버클리에서 조교수로 임용될 때까지 록펠러대학교Rockefeller University와 하버드 의과대학에서 연구원으로 근무했습니다. 댄 교수는 그 곳에서 인간을 포함한 포유류의 뇌가 어떻게 시각정보를 받아들이고 처리하는지에 대해 연구했는데요. 그녀가 특히 주목했던 뇌 부위는 바로 측면슬상핵lateral geniculate nucleus, LGN이라는 이름을 가진 포유류의 뇌 중앙에 위치한 시각중추였습니다. 포유류에서 측면슬상핵은 망막의 시신경이 뇌로 보내는 전기신호가 가장 먼저 도착하는 뇌 부위인데요. 신경

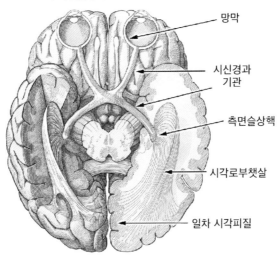

| 측면슬상핵(LGN)의 위치 |

망막

시신경과 기관

측면슬상핵

시각로부챗살

일차 시각피질

신호가 측면슬상핵에 전달되는 원리를 연구하던 댄 교수는 측면슬상핵의 신경세포 하나하나가 망막에 맺히는 이미지의 서로 다른 공간적인 위치에 대응된다는 사실에 주목했습니다. 다시 말해, 눈앞에 펼쳐진 장면이 작은 화소(픽셀pixel)들로 구성돼 있다면 이 작은 화소 하나하나가 측면슬상핵에 있는 신경세포 하나하나에 대응이 된다는 것이지요.

댄 교수는 망막위상retinotopy이라고 불리는 이 특성을 이용하면 측면슬상핵에서 측정한 신경세포의 활동신호로부터 사람이나 동물이 현재 보고 있는 장면을 영상으로 복원할 수 있을지도 모른다는 생각을 하기에 이르렀습니다. 1997년, UC 버클리에서 자신의 연구실을 갖게 된 댄 교수는 같은 대학교 기계공학과에서 박사학위를 갓 취득한 개

럿 스탠리Garrett B. Stanley*를 박사후연구원으로 채용해서 함께 자신의 아이디어를 구현하기 시작했습니다.

댄 교수는 고양이의 측면슬상핵에 177개의 바늘모양 전극을 꽂아 넣어서 서로 다른 177개의 신경세포가 만들어 내는 신경 전류를 측정했습니다. 댄 교수가 처음 진행한 연구는 177개의 신경세포가 고양이 망막에 맺힌 이미지 상에서 어떤 위치에 대응되는지를 알아내는 것이었는데요. 우선 그녀는 고양이 눈앞의 여러 위치에서 밝은 빛을 보여준 뒤에 어떤 신경세포가 반응하는지를 관찰했습니다. 이런 과정을 통해 177개의 신경세포 각각이 눈앞에 보이는 이미지의 어떤 위치에 대응되는지를 알 수 있었지요. 이 과정이 마무리되자 그녀는 고양이의 눈앞에 여러 개의 흑백 동영상을 보여주고 고양이의 측면슬상핵에서 측정된 신경신호를 이용해서 영상을 복원했습니다.

결과는 정말이지 놀라웠습니다. 오른쪽 그림에 보이는 것처럼 아주 뚜렷하지는 않았지만 고양이에게 보여준 영상과 비슷한 윤곽의 영상이 만들어졌지요. 댄 교수의 연구결과는 많은 신경과학자들을 충격에 빠뜨리기에 충분했습니다. 인간의 시각중추에 조밀하게 전극을 부착하고 신경세포의 활동을 기록하면 우리가 보고 있는 것뿐만 아니라 밤에 꾸는 꿈을 기록하는 것도 불가능하지 않음을 의미하는 것이었기 때문이지요. 물론 꿈을 저장하기 위해서 자신의 두개골을 열고 시각

---

* 개럿은 현재 조지아 공과대학교 교수로 있습니다.

교실 밖에서 듣는 바이오메디컬공학

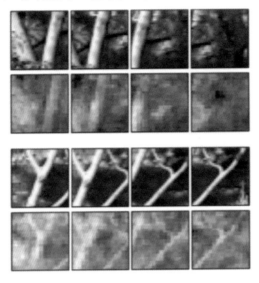

중추에 전극을 삽입하는 위험한 수술에 도전할 사람은 없을 것이지만 말입니다. 꿈을 저장할 수 있다고 해도 실제로는 별 쓸모가 없을 가능성이 높기 때문이지요.

그런가 하면 2019년에는 미국 캘리포니아 주립대 샌프란시스코 캠퍼스UC San Francisco 신경외과의 에드워드 창Edward Chang 교수 연구팀이 뇌전증 수술을 받기 전 뇌활동을 관찰하기 위해 뇌에 전극을 삽입한 환자들을 대상으로 또 하나의 놀라운 실험을 진행합니다. 창 교수 연구팀은 환자들이 말을 할 때 대뇌에 있는 조음기관 운동 영역에서 발생하는 신경신호를 분석해서 음성을 합성해내는 데 성공합니다. 창 교수는 이 연구를 위해서 순환신경망RNN이라는 최신 인공지능 기술을

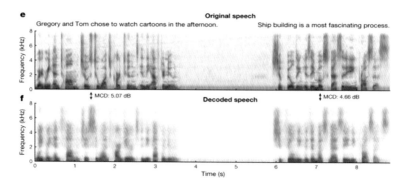

적용했는데요. 간단한 단어들을 말할 때 발생하는 신경신호 데이터를 이용해서 순환신경망을 학습시킨 뒤에 긴 문장을 말 할 때 측정한 신경신호로부터 말을 합성해 낼 수 있었죠.

음성신호를 분석해서 2차원 영상으로 만든 것을 스펙트로그램 Spectrogram이라고 부르는데요. 그림에서처럼 말하는 것을 직접 측정한 스펙트로그램과 신경신호로부터 음성을 합성한 것을 스펙트로그램으로 나타낸 결과를 비교해보면 상당히 유사하다는 것을 알 수 있습니다. 이제 창 교수 연구팀은 말을 상상할 때 발생하는 신경신호로부터 음성을 합성해 내는 연구에 도전하고 있다고 합니다. 이런 기술이 가능해지면 식물인간과 비슷한 상태에 있는 사람들과 대화를 나누는 것도 가능해지겠지요.

기억을 저장하고 싶다면

앞서 우리의 꿈을 컴퓨터에 저장할 수 있는 가능성에 대해 소개했는데요. 꿈을 저장하는 것보다 더욱 쓸모 있는 일은 어쩌면 우리의 기억과 경험을 저장하는 게 아닐까요? 실제로 이런 불가능해 보이는 기술에 도전장을 던진 사람이 있는데요. 미국 남가주대University of Southern California 바이오메디컬공학과의 시어도어 버거Theordore Berger 교수가 바로 그 주인공입니다.

버거 교수는 2010년 무렵부터 우리 뇌의 깊은 곳에 있는 한 쌍의 작은 기관인 해마hippocampus에 주목했습니다. 해마는 우리 뇌에서 여러 중요한 기능을 갖고 있지만 그중에서도 단기기억을 장기기억으로 변환하는 중요한 역할을 합니다. 우리가 여러 감각기관을 통해 받아들이는 대부분의 정보는 이 해마를 지나쳐서 뇌의 각 부위로 전달되고 저장되지요. 해마는 길쭉한 완두콩 형태를 갖고 있는데, 버거 교수가 가장 먼저 한 일은 해마의 입력신호와 출력신호 사이의 관계를 설명하는 계산뇌과학 모델을 만드는 것이었습니다. 해마는 다른 뇌 부위에 비해 구조가 상대적으로 단순하기 때문에 생쥐의 해마에서 측정한 전기신호 데이터를 이용해서 비교적 쉽게 생쥐 해마의 수학적인 모델을 완성할 수 있었지요. 버거 교수는 해마가 손상되어 단기기억을 장기기억으로 변환하는 능력을 상실한 생쥐의 해마 앞부분에서 들어오는 입력신호를 가로채어 해마의 수학적 모델에 집어넣고 그 결과를

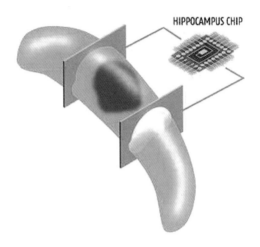

다시 전기신호 형태로 해마의 뒷부분에 흘려주었습니다. 해마의 손상된 부위를 건너뛰는 일종의 '우회통로'를 만든 셈이지요.

결과는 대성공이었습니다. 단기기억을 장기기억으로 변환하는 능력을 잃어버렸던 생쥐가 완전치는 않지만 장기기억 능력을 일부 회복했던 것이죠. 버거 교수 연구팀은 이 기술을 '해마 칩hippocampus chip'이라고 불리는 소형 마이크로칩 형태로 구현해서 사람의 뇌에 이식하려는 계획을 갖고 있는데요. 이를 위해 버거 교수 연구팀은 '커넬Kernel'이라는 이름의 회사를 설립하기도 했습니다.

커넬의 궁극적인 목표는 알츠하이머 치매에 걸린 환자에게 해마 칩을 이식하는 것입니다. 알츠하이머 치매에 걸리면 뇌의 여러 부위가 위축이 일어나게 되는데 가장 먼저 위축이 일어나는 부위가 바로 해

마이기 때문이지요. 해마가 손상된 생쥐에게 했던 것처럼 알츠하이머 치매에 걸린 환자의 위축된 해마를 우회하는 경로를 만들어 주면 환자들의 삶의 질을 크게 향상시켜 줄 수 있을 것으로 기대됩니다. 남가주대 연구팀은 이러한 기술을 '해마 기억 보철hippocampal memory prosthesis' 이라고 부릅니다.

얼마 전 버거 교수의 제자이자 같은 대학의 조교수로 연구팀에서 해마 기억 보철 소프트웨어 개발을 담당하고 있는 동 송Dong Song 교수와 국제 뇌공학 기술 워크숍에서 만났습니다. 제 관심은 '언제쯤이면 이 기술이 환자들에게 적용될 수 있을 것인가?'에 있었는데요. 제 질문을 받은 송 교수는 일말의 망설임도 없이 정확한 연도를 답했습니다.

"2026년이요."

불과 몇 년 뒤면 머릿속에 해마 칩을 이식하고 다니는 사람들을 주위에서 쉽게 만나볼 수 있을지도 모릅니다. 부디 계획대로 개발이 진행되어 알츠하이머 치매로 고통받는 환자와 가족들에게 한 줄기 희망의 빛이 되기를 기대합니다.

그런데, 인간의 뇌는 해마를 이용해 경험과 지식을 장기기억으로 변환하기 때문에 해마에서 만들어지는 모든 신경신호를 해마 칩을 이용해서 저장하면 그 사람의 모든 기억과 경험을 한데 모으는 것이 가능하지 않을까요? 물론 아직 우리는 이렇게 저장된 신경신호가 어떤 의미 구조를 갖는지에 대해서는 전혀 알지 못합니다. 앞서 말한 것처럼 우리는 아직 신경코드를 해독할 수 없기 때문이지요.

뇌공학과 인공지능 기술의 발전을 통해서 언젠가 우리 뇌의 언어인 신경코드를 해독할 수 있게 된다면 한 사람의 기억과 경험을 음성이나 영상으로 만들어 내는 것은 물론이고 영화 〈매트릭스〉에서처럼 언어나 지식을 신경코드로 변환해서 뇌에 주입하는 것도 이론적으로 불가능하지 않을 것입니다. 여러분, 계산뇌과학과 바이오메디컬공학이 만들 미래가 기대되지 않으신가요?

뇌공학자들이 마주한 현실은 마치 고대 이집트 상형문자가 빼곡히 적힌 로제타석Rosetta Stone을 갓 발견했을 때와 크게 다르지 않습니다. 하지만 결국 언어학자들이 끈질긴 노력 끝에 로제타석에 쓰인 잃어버린 문자를 해독해 내었듯이 언젠가 뇌공학자들의 끈질긴 연구를 통해 신경세포가 만들어 내는 '뇌의 언어'를 해독할 수 있게 된다면 미래에는 자신의 기억과 경험을 글로 쓰거나 사진으로 남길 필요가 없어질 것입니다. 머릿속 생각을 곧바로 비디오로 변환해서 인스타그램에 업로드할 수 있게 될 수도 있겠지요.

7부

계속해서 진화하는 의료기기

1

먹지 않아도 되는 약이 있다?

○
○
○

전자약

여러분들도 어릴 적 알약을 잘 삼키지 못해 시럽 형태로 된 약을 먹은 기억이 있지요. 어린 아이들은 혀를 쓰지 않고 입술만 움직여 침을 삼키는 것이 익숙하기 때문입니다. 그런데 주변에 보면 종종 성인 중에서도 알약을 삼키는 것이 어려운 사람들이 있는데요. 한 보고에 따르면 성인의 40% 정도가 알약을 삼키는 일이 어렵다고 생각한다고 합니다. 생물학적인 문제로 어려움을 겪는 경우도 있지만 많은 경우 심리적인 요인이 작용해서 그렇습니다.

그런데 만약에 굳이 '먹거나 바르지 않아도 되는 약'이 있다면 어떨까요? 아이들은 물론 많은 어른들에게도 마음의 위안을 가져다 줄 반가운 소식이 아닐까 싶습니다. 그 주인공은 바로 '미래약'이라 불리는

'전자약electroceutical'인데요. 생김새는 어떻게 생겼을지, 작동은 어떻게 하는 것일지 대부분의 우리에게는 참 낯설게 다가오는 개념입니다. 그런데 놀랍게도 전자약은 이미 상용화된 제품이 있을 만큼 나름 그 역사가 꽤 오래되었다고 하는데요.

전기 뱀장어로 시작된 전자약의 역사

전자약의 역사는 서기 63년경 고대 로마로 거슬러 올라갑니다. 당시 로마 황제 클라우디우스의 궁정 의사였던 스크리보니우스 라르구스Scribonius Largus는 자신의 의학서에 두통에 대한 새로운 치료법을 저술했는데요. 이 의학서에서 그는 '두통이 오래 지속되고 견딜 수 없을 때에는, 두통을 영구적으로 치료하기 위해 통증이 사라질 때까지 통증이 있는 곳에 살아있는 검은 어뢰를 꽂는다'라고 기술했습니다.

여기서 언급된 '검은 어뢰'는 무엇이었을까요? 바로 전기 가오리처럼 전기를 내뿜는 물고기였습니다. 전기 가오리는 가슴 지느러미 안쪽에 벌집 모양으로 생긴 발전기를 가지고 있어서 200볼트에 이르는 강력한 전기를 발생시키지요. 라르구스는 전기 가오리가 일으킨 전류에 손이나 발이 쏘이면 감각이 마비되는 것에 착안해 이를 통증 치료에 적용해 본 것이지요. 통증이 있는 부위에 전기 가오리를 가져다 대거나 전기 가오리가 들어 있는 물에 그 부위를 집어넣었을 때 정말로 통증이 사라지는 효과가 있었습니다. 이러한 라르구스의 발견은 전자약 발명의 초석이 되었는데요. 먼 훗날 인류가 전기를 인공적으로 만들어 내기 전까지 두통 완화 방법으로 널리 사용되었다고 합니다.

전류가 인체에 영향을 준다는 사실은 시간이 흘러 1700년대에 와서야 실험으로 비로소 확인됩니다. 앞서 소개되었던 이탈리아의 의사이자 물리학자인 루이지 갈바니가 아픈 아내를 위해 개구리 수프를 만들다 우연히 발견한 것이었지요. 당시 갈바니의 옆에는 그의 제자들이 전기를 모으는 장치를 이용한 실험을 하고 있었는데요. 갈바니가 죽은 개구리를 금속접시에 올려놓자, 개구리의 다리 근육에서 경련이 일어난 것입니다. 금속접시와 주변의 다른 금속 사이에서 발생한 정전기가 개구리 다리 근육에 흘러 근육을 수축시켰기 때문이었습니다. 이 발견은 인체에 미치는 전류의 영향을 연구하게 된 최초의 발견 중 하나가 되었지요. 전기충격을 통해 멈춘 심장을 다시 뛰게 하는 것도 이 갈바니의 발견에서 시작되었습니다.

이렇게 전류가 우리 인체에 미치는 영향이 확인되자 1836년에는 영국 런던의 가이 병원Guy's hospital이 세계 최초의 전기 치료 부서를 설립합니다. 이어 1863년에는 프랑스의 과학자인 가이프Gaiffe가 경피신경자극기Transcutaneous Electrical Nerve Stimulation, TENS라 불리는 전자약을 개발했지요. 경피신경자극기는 우리의 피부 표면에 부착한 전극을 통해 전기 자극을 추어 통증이 있는 신경을 완화시키는 기기입니다. 하지만 당시의 TENS는 기술적인 한계로 3mA 정도의 작은 전류밖에 발생시

교실 밖에서 듣는 바이오메디컬공학

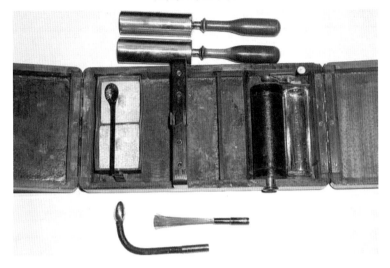

키지 못해 실제로 치료 효과는 크지 않았습니다. 하지만 현재 뇌와 중추신경 및 말초신경에 직접 삽입하여 전기 자극을 주는 신경자극기 Neurostimulator의 근간이 되었다는 점에서 큰 의미가 있지요.

이렇게 이어진 전자약의 역사는 과학자 니콜라 테슬라Nikola Tesla를 만나며 호황기를 맞습니다. 전기차 시장을 선도하고 있는 일론 머스크의 회사 테슬라TESLA는 천재 과학자이자 발명가인 그의 이름을 따 지은 이름이지요.

무선전력전송 등 전자파 분야에서 많은 연구와 업적을 남긴 공학자로 잘 알려진 테슬라는 고주파 전류를 의료에 응용하는 것에 대해서도 관심이 깊었습니다. 그는 낮은 전압으로도 매우 높은 전압을 만들어낼 수 있는 장치인 '테슬라 코일'을 발명하기도 했는데요. 이렇게 발

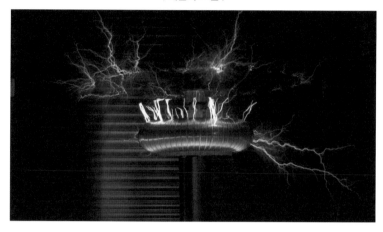

| 테슬라 코일 |

생된 고주파 및 고전압 전류를 '테슬라 전류'라 합니다. 테슬라 전류의 원리는 전자공학에서도 널리 사용되어 현재는 라디오나 TV등에도 응용되고 있습니다. 심지어는 우리가 장난감 자동차 등에 흔히 사용하는 무선조정장치를 위한 전파를 발생시킬 때도 테슬라 전류의 원리를 사용하고 있지요.

이 테슬라 전류는 의학계에도 큰 영향을 끼쳤습니다. 테슬라 전류를 근육 표면에 작용시키면 세포에 열을 발생시킬 수 있고 이를 통해 혈류를 증가시켜 신진대사를 돕는 효과를 내게 되기 때문이지요. 이처럼 테슬라 전류는 신체를 통과하는 동안 전기에너지를 치료를 위한 열로 변환하기 때문에 조직에 열을 가하는 투열 요법에 주로 사용되고 있습니다. 치질 수술을 받을 때 사용하는 요법이기도 하지요.

테슬라는 자신의 몸에 직접 전류를 흘려 이러한 투열 효과를 처음으

교실 밖에서 듣는 바이오메디컬공학

로 경험하기도 했습니다. 다리 근육의 피로를 덜어주는 발진기의 설계도 그의 손에서 이루어졌지요. 또한 전기의 공진현상*에 대한 광범위한 실험을 통해 이것이 유기체에 미치는 영향을 조사하고, 이를 의료목적으로 사용하는 데에도 많은 공헌을 했습니다. 이 외에도 그의 수많은 연구결과들이 현재 많은 전자약 기기들에 응용되고 있지요.

한편 '전자약'이라는 용어는 2013년에 GSK GlaxoSmithKline라는 영국의 기업에서 처음 사용하기 시작했습니다. 세계 최초로 미국 식품의약국 FDA 인증을 받은 전자약은 2015년 엔테로메딕스의 중증 비만치료 의료기기인 '마에스트로 리차저블 시스템'으로, 신경다발에 이식된 기기가 뇌에서 보내는 식욕자극신호를 차단해 식욕을 억제하는 것을 도와줍니다.

문지르면 통증이 줄어드는 이유

그런데 전자약은 정확히 어떤 원리로 통증을 줄여주는 걸까요? 전자약의 동작 원리에 대한 이론적인 정립은 1965년 멜자크Melzack와 월Wall이 처음 제안한 '통증 게이트 제어Pain Control Gate' 이론을 통해 이뤄졌

---

* 전기의 공진현상은 코일과 축전기가 존재할 때 교류 전원에서 발생하는 주파수와 회로의 고유 주파수가 서로 같아질 때 회로에 더 큰 진동 전류가 흐르는 현상을 의미합니다. 실생활에서 유리잔이 가진 고유진동수와 같은 진동수의 소리를 유리잔에 들려주면 유리잔이 크게 떨리다가 파괴되는 현상과도 비슷하다고 볼 수 있습니다.

는데요. 이 이론은 우리 몸의 척수가 통증신호를 차단하거나, 반대로 이를 계속 받아들일 수 있는 신경학적인 '문gate'을 갖고 있다고 이야기합니다. 몸에 특별한 자극이 가해지지 않고 정상적인 감각 정보만 입력으로 들어오게 되면 이 문을 닫아 통증신호를 차단하지만 갑작스럽게 큰 자극이 가해지게 되면 문을 열어 통증을 느끼게 된다는 가설이지요.

우리가 의자나 탁자에 다리를 부딪쳤을 때, 잠시 동안 부딪친 부위를 문지르면 통증이 덜 느껴지지요. 통증 게이트 제어 이론에서는 피부를 문지를 때 '정상 접촉 감각 정보'가 증가하면서 이것이 통증섬유의 활동을 억제하기 때문에 뇌가 통증을 덜 느끼게 된다고 설명합니다.

부딪힌 부위를 손으로 문지르는 것처럼, 현재 연구 및 개발 중인 다양한 형태의 전자약들은 물리적 자극을 활용한다는 점에서 모두 이 통증 게이트 제어 이론에 기반을 두고 있습니다. 초음파자극기, 저주파자극기, 고막자극기가 이렇게 물리적 자극을 통해 통증을 줄여주는 전자약이라 할 수 있습니다.

반면, 물리적 자극을 통해 체내의 화학적 변화를 유도할 수 있는 전자약도 있는데요. 위에서 언급했던 비만치료 전자약이 그 예입니다. 비만치료 전자약 외에도 수면무호흡증 치료기, 주의력결핍과잉행동장애ADHD 전자약 또한 화학적인 효과를 볼 수 있는 전자약입니다.

먹는 약의 빈틈을 메워 줄 전자약

그렇다면 전자약의 장점은 무엇일까요? 삼키기 힘든 알약 대신 사용할 수 있어서만은 아니겠지요. 전자약은 우리가 일반적으로 사용하는 의료기기나 의약품과는 다르게 원하는 치료 부위에 선택적으로 사용할 수 있다는 점이 가장 큰 장점입니다. 따라서 기존의 의약품이나 시술, 수술 방법으로 치료가 어려운 질환에 대해 치료 효과(치료, 경감, 예방)를 제공할 수 있지요.

이뿐만 아니라 시간과 주기 조절이 자유롭게 가능하고, 전기적 물리자극만을 사용한다는 것도 장점이라 할 수 있습니다. 이런 장점은 합성 의약품에 비해 부작용의 가능성을 현저하게 줄여주지요.

하지만 전자약 또한 상용화 역사가 짧기 때문에 장기적인 신뢰 확보를 위해 노력해야 합니다. 환자마다 치료 효과의 차이를 보이는 경우가 있기 때문에 치료 효과를 유도하는 작용 메커니즘Mechanism of Action, MoA에 대한 명확한 규명도 필요하지요. 동물실험 및 임상시험을 통해 이러한 작용 메커니즘과 안정성, 효능, 효과에 대한 평가가 이루어져야 할 것입니다.

또한 생체 내에 삽입하는 '삽입형' 전자약의 경우 비삽입형 전자약보다는 잠재적인 위험성이 크기 때문에 생체 삽입에 대한 면역거부 반응이나 세포괴사 등을 방지할 수 있는 조직친화적 기술이 필수적이라고 할 수 있습니다. 현재 이를 위해 전자약은 체내에 이식해 직접 중추신경에 자극을 가하는 초기 1세대 방식에서, 피부 부착 등을 통해 말초신경을 자극하는 중기 2세대를 거쳐, 입거나 쓰는 웨어러블 형태의 3세대로 진화하고 있습니다.

현재 개발되고 있는 전자약은 당뇨병, 류머티즘 관절염, 심혈관질환, 비만, 배변장애(요실금 등), 천식, 우울증, 뇌전증, 통증 등의 여러 가지 질환에 대해 치료 효과를 보이고 있으며, 코로나19바이러스 치료에도 힘을 보태고 있습니다. 미국 FDA는 2020년 7월 일렉트로코어 electroCore가 개발한 '감마코어 사파이어'를 천식 환자의 코로나19바이러스 치료 목적으로 긴급 승인했습니다. 이 기기는 말초 신경의 한 종류인 미주 신경을 자극하여 기도의 수축을 억제하고 연근육을 완화하여 천식 환자의 호흡이 돌아오도록 돕는 역할을 수행하고 있지요.

앞으로도 전자약이 질병의 치료와 예방을 돕는 것은 물론, 일반의 약품이나 시술이 해결하기 어려운 부분까지 다양한 방면에서 그 역할을 톡톡히 해주기를 기대해 봅니다.

스마트 의료 시대에 맞추어 전자약도 환자 개인의 데이터를 확보해, '맞춤형' 처방이 가능하다면 더 경쟁력이 있겠지요. 환자의 상태와 환경에 따라 자극의 세기와 주기를 다르게 처방하는 시스템이 함께 발전된다면 더 좋을 것입니다. 전자약과 화학 의약품을 조화롭게 잘 배합하여 시너지를 낼 수 있는 처방을 내려주는 시스템이 있다면 이 또한 도움이 되겠지요.

교실 밖에서 듣는 바이오메디컬공학

2

내 몸 안의 119 구조대

이식형 의료기기

영화 〈스타워즈 에피소드3〉에서 나온 유명한 대사 "아이 엠 유어 파더I am Your Father". 다들 한 번쯤 들어 보셨을 텐데요. 주인공 아나킨은 적에게 두 다리가 잘린 채 용암 밑으로 빨려 들어가지만 사이버네틱스cybernetics* 수술을 받은 후 우리가 알고 있는 '다스 베이더'로 다시 태어납니다. 다스 베이더의 갑옷은 몸이 충분한 산소, 영양소를 가지고 있는지 확인시켜 주는 생명 유지 장치를 갖추고 있고, 헬멧은 두개골과 척추 상단에 자극을 주어 그의 인공 팔다리를 사용할 수 있도록 도와주지요.

---

* 사이버네틱스cybernetics 또는 인공두뇌학(人工頭腦學)은 일반적으로 생명체, 기계, 조직과 또 이들의 조합을 통해 통신과 제어를 연구하는 분야를 의미합니다.

다스 베이더의 스승이었지만 나중에 적이 된 오비완 케노비는 "그는 이제 인간이라기보다는 사악한 기계에 가까워"라고 말하며 사이버네틱스 기술로 다시 태어난 그를 비판하지요. 악역인 다스 베이더가 기술을 좋은 목적으로 사용하지 않았기 때문입니다. 하지만 영화 밖의 현실에서는 사이버네틱스 기술이 아주 환영받고 있는데요. '이식형 의료기기Implantable Medical Devices'라는 이름으로 현재 많은 연구 및 개발이 이루어져 환자들에게 편의를 제공하고 삶의 질을 향상시키고 있기 때문입니다.

이식형 의료기기는 청각장애인을 위한 이식형 와우시스템이나 이식형 심장박동기처럼 특정 신체의 일부 또는 인공다리처럼 전체의 생물학적 구조를 대신하거나 기능하기 위해 사용되는 디바이스를 말합니다. 이 외에도 앞서 살펴본 인공팔을 비롯한 신경보철기, 만성질환자나 항암치료를 위한 이식형 의약품주입펌프 등도 포함하지요.

곳곳에서 일하는 의식형 의료기기

이식형 의료기기 중에서도 가장 오랫동안 많은 환자들에게 사용되고 있는 것이 바로 이식형 심장박동기pacemaker인데요. 이식형 심장박동기는 심장박동이 비정상적으로 느린 환자들에게 필요한 장치입니다. 심장박동이 느릴 경우 대뇌로 가는 혈액이 부족하게 되어 어지럼

증이나 실신, 가슴이 답답한 증상 등을 유발하기 때문입니다.

이런 환자들에게 이식형 심장박동기를 삽입하면 소량의 에너지로 심장을 자극해 심장근육을 수축시켜 혈액을 전신에 정상적으로 내보낼 수 있습니다. 그 원리는 무엇일까요? 현대의 이식형 심장박동기는 센서를 통해 심장의 고유한 전기적 리듬을 지속적으로 감지하는데요. 환자에게서 심장의 수축 활동이 일정 기간동안 (일반적으로는 1초) 감지되지 않으면 전기자극을 우심실과 우심방으로 전달하여 두 방 사이의 수축 타이밍을 제어하게 되는 것이지요.

또 하나의 대표적인 이식형 의료기기인 인공와우Cochlear implant는 보청기의 착용효과가 거의 없는 중증 청각장애를 가진 분들에게 수술을 통해 삽입하는 청각 보조장치인데요. 그 원리에 대해서는 이미 앞에서 자세히 살펴보았지요.

바이오메디컬공학 기술의 집합체

이식형 의료기기는 이렇게 우리 몸의 부족한 부분을 보조하며 우리 삶의 질을 높여주고 있는데요. 때문에 어느 한 분야의 기술만으로는 구현이나 개발이 불가능합니다. 마이크로 전극 및 집적회로 기술, 로봇 공학, 에너지 수확 분야 등과 성장의 궤를 같이 해오고 있지요. 이러한 분야의 기술들은 이식형 의료기기에서 어떤 역할을 하고 있을까요?

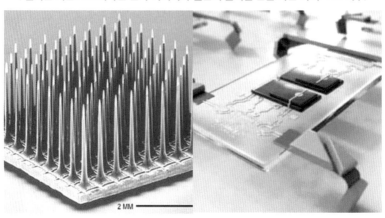

| 실리콘 기반으로 제작된 전극 어레이와 혈관에 들어갈 만큼 작은 마이크로 로봇 |

2 MM

　우리 몸에 이식형 의료기기를 심는 것이 가능한 것은 바로 마이크로 전극 및 집적회로 기술 덕분입니다. 마이크로 전극 분야에서는 생체에 접촉되어도 부작용이 일어나지 않는 생체 친화적인 물질을 개발하고 있지요. 또 여러 가지의 생체신호를 측정하기 위해 전극의 밀집도를 높이는 연구가 주를 이루고 있습니다. 집적회로 분야에서는 반도체 기술을 이용해 생체 세포를 효과적으로 자극하는 회로와 생체신호를 높은 감도로 측정하기 위한 회로를 설계하는 것을 목적으로 하고 있지요. 또 사용 전력의 소모를 최소화하는 동시에 디바이스의 크기를 초소형화 시키기 위한 노력을 하고 있습니다. 이 같은 노력이 현실화된다면 지금과 같은 복잡한 수술 없이도 주사기로 이식형 의료기기를 간편하게 삽입하는 것이 가능해질 것입니다.

　이식형 의료기기에서 매우 중요한 기술이 또 있습니다. 바로 충전

기술인데요. 이식형 의료기기는 체내에 삽입되기 때문에 배터리를 교체하는 것이 어렵기 때문입니다. 인체 내에서 충전이 가능해야 하지요. 전원 및 에너지 수확 분야에서는 이러한 기술을 연구하고 있습니다. 체내 충전을 위해서는 크게 두 가지 충전 방식을 생각해 볼 수 있는데요.

하나는 '생체무선충전' 기술로 우리가 사용하는 휴대폰 무선 충전 기술과 같은 방식을 응용하는 것입니다. 체외에서 체내에 있는 디바이스로 자기장을 발생시켜 충전하는 방식이지요. 다른 방법은 2부에서 살펴본 '에너지 하베스팅'이라 불리는 자체 전원 기술입니다. 우리 몸안에서 일어나는 화학적 작용이나 물리적 움직임에 의해 발생하는 에너지를 수확하여 활용하는 방법이지요. 최근에는 혈액이나 림프액과 같이 우리 체액이 가지고 있는 칼슘이나 나트륨과 같은 성분을 이용해 에너지를 발생기키는 연구가 진행되기도 했습니다.

아직까지는 체내에서 수확하는 에너지의 양이 이식형 의료기기를 상시 동작시키기에 충분하지 않기 때문에 상용화 된 제품들은 대다수 생체무선충전 기술을 채택하고 있습니다. 하지만 앞으로 에너지 하베스팅 기술의 효율이 증가하고, 반도체 기술의 발전으로 에너지를 효율적으로 사용할 수 있는 회로가 개발된다면 인체 에너지로 자가발전하여 동작하는 의료기기들이 상용화될 날이 올 것이라 기대합니다.

슈퍼 휴먼을 꿈꾸다

2020년 8월 일론 머스크는 뇌에 'Link V0.9'라는 이름의 전극 칩을 심은 돼지를 언론에 선보였습니다. 이 시연회에서 머스크는 뇌 속에 미세전극 천여 개를 심은 돼지가 냄새를 맡기 위해 코를 킁킁거릴 때 코에서 뇌로 전달되는 신호를 실시간으로 수집해 기록하는 장면을 보여주었습니다.

개발된 'Link V0.9'는 지름 23mm, 두께 8mm의 동전 모양으로 천여 개의 뇌신호를 동시에 측정하여 뇌파신호를 최대 10m까지 무선 전송할 수 있도록 제작되었으며, 외부 장치를 이용하여 무선충전이 가능합니다. 머스크는 이 칩을 '두개골의 핏빗Fitbit[**]'에 비유했습니다.

뇌에 칩을 심는 기술은 이미 기존의 이식형 의료기기 분야에서도 꾸준히 시도되어 왔습니다. 의료계에서는 뇌에 전극을 이식하여 파킨슨병, 뇌전증 등의 뇌질환을 치료하는 데 사용하고 있고, 하반신이나 사지가 마비된 사람이 이식한 센서로 뇌신호를 이용하여 컴퓨터나 로봇 팔을 움직이는 실험도 선보여진 바 있습니다.

하지만 뉴럴링크는 치료를 위한 목적을 뛰어넘어 앞으로 사람의 기억을 디지털화하여 저장하고 재생하거나 로봇에 사람의 의식을 심는 기술까지도 염두에 두고 있다는 청사진을 제시하였습니다. 3부에서

[**] 착용자의 운동량, 일부 건강상태를 측정할 수 있는 웨어러블 기기를 말합니다.

| 돼지의 뇌에 이식된 칩이 코에서 전달되는 신호를 실시간으로 뇌에 전달하는 모습(좌)과
여기에 사용된 뇌 이식 칩의 구조(우) |

이미 소개한 바와 같이 2021년에 뉴럴링크에서 공개한 '마인드 핑퐁
Mind ping-pong' 영상에서는 칩을 이식한 9살 원숭이 '페이저Pager'가 뇌활동
만으로 조이스틱 없이 게임을 하기도 했지요. 뉴럴링크의 'Link V0.9'
는 이같은 뇌-컴퓨터 인터페이스 이외에도 다양한 뇌질환을 치료하
거나 시각기능을 복원하기 위한 이식형 의료기기에 접목이 가능할 것
으로 기대되고 있습니다. 뇌에 삽입하는 모든 이식형 의료기기에는
'Link V0.9'가 가진 무선 송수신 기능과 생체무선충전 기능이 필요하
기 때문이지요.

이처럼 이식형 의료기기가 계속해서 발전하면서 국내에서도 매년
수천 명의 사람들이 이식형 의료기기를 삽입하는 외과수술을 받고 삶
의 질을 높이고 있습니다. 2026년까지 전 세계의 이식형 의료기기 시

장 규모는 무려 1,603억 달러에 이를 것으로 예측되고 있는데요. 최근 세계적으로 진행되고 있는 고령화로 인해 앞으로 이식형 의료기기의 수요는 더욱 증가할 것으로 예상되고 있지요. 새로 개발되고 있는 이식형 의료기기는 심장질환은 물론 통증 치료, 암 치료에까지 도움을 주고 있기 때문입니다.

이제는 이식형 의료기기가 치료의 수준을 넘어서서 당뇨병 환자를 위한 혈당 분석기처럼 '진단'을 위한 삽입형 의료기기로의 발전 가능성도 보여주고 있는데요. 계속해서 관련 기술이 개발된다면 혈액 분석과 같은 일상적인 '홈 케어'를 위한 기능도 할 수 있을 것으로 예상됩니다. 또 앞서 3부 '뇌공학' 파트에서 살펴본 '뇌-기계 인터페이스'처럼 우리의 뇌에 칩을 삽입하여 인간지능의 '증강'을 꿈꾸는 미래도 아주 멀리 있지는 않을 겁니다. 머지않아 노화된 신체를 이식형 의료기기들로 대신하고, 뇌-기계 인터페이스를 통해 증강된 뇌 능력을 갖춘 슈퍼 휴먼이 나타날지도 모르겠습니다.

이식형 의료기기의 경우 그 역사가 아주 길지는 않기 때문에, 이를 삽입한 환자들에 대해 장기적인 부작용은 없는지 지속적으로 관리 관찰을 하는 연구도 필요합니다. 또 부작용이 발견될 경우 이에 대해 해당 기업이나 환자, 주치의 등 각자의 역할에 대한 책임 소재를 분명히 하기 위한 규정이나 법의 제정도 필요하겠지요. 이렇게 새로운 기술의 발전 과정에는 다양한 분야의 협업과 관리가 함께 필요합니다.

교실 밖에서 듣는 바이오메디컬공학

3

냄새로 병을 진단할 수 있을까?

○
○
○

인공후각

사람은 각자만의 체취를 가지고 있지요. 어떤 냄새는 '그리운 엄마 냄새'나, '사랑하는 이의 냄새'처럼 우리 뇌 안의 특정 기억이나 행동프로그램으로 연결이 되기도 합니다. 그런데 이 냄새와 관련해 신기한 뉴스가 미국에서 보고되었는데, 바로 키우는 강아지가 주인의 배에 코를 자주 갖다 대어 병원에 갔더니 암을 발견했다는 소식이었지요. 강아지가 워낙 후각이 발달되어 있긴 하지만 사실 이런 경우는 천운 같은 일이라 할 수 있지요. 그런데 정말로 질환에 따른 고유의 냄새가 있는 걸까요? 그렇다면 그 냄새를 강아지처럼 정밀하게 감지해 역으로 병을 진단하는 것이 가능할까요?

결론적으로는 가능합니다. 우리가 아프다는 것은 몸의 특정 세포들이 비정상적으로 동작하기 때문인데요. 어떤 생화학적 현상으로 인해 세포들이 죽어가거나, 변형되거나, 또는 과대발현되어서 발생하지요. 예를 들어 암은 암세포가 이상 증식하는 것이고, 코로나19의 경우에는 다양한 종류의 폐세포들이 죽어가면서 면역반응으로 열이 나고 숨쉬기가 곤란해지는 것입니다.

이렇게 우리 몸에 생화학적인 이상이 발생하면 그에 따른 특이 화학물질이 질환 부위에서 나타나게 되는데요. 이 화학물질 중 일부는 휘발성이 있어서 우리 몸의 호흡기나 소화기 또는 피부를 통해 공기 중으로 증발하게 되는데, 이러한 물질을 휘발성유기성분 또는 VOC^{Volatile Organic Compound}라고 부릅니다. 만약 VOC의 성분을 정밀하게 감지할 수 있다면, 병의 유무나 정도를 나타내는 지표물질로 활용 가치가 크겠지요.

폐암의 경우 500여 종의 VOC를 만들어 내는 것으로 알려져 있어 VOC로 폐암을 진단하는 다양한 연구가 보고되고 있습니다. 다양한 VOC 센서 기술을 활용한 최신 연구들은 대부분 80% 정도의 확률로 폐암을 진단할 수 있다고 합니다. 또 대변에 있는 VOC를 감지할 경우 대장암의 조기 진단이 가능하다는 다수의 연구가 보고되었습니다.

이렇게 냄새를 이용해서 질병을 진단하는 것의 장점은 비침습적^{non-invasive}이라는 것인데요. 한마디로 피를 뽑거나 몸 안에 장비를 삽입하지 않고도, 내뱉은 숨을 분석기에 넣는 것만으로 질병 진단이 가능하다는 것입니다. 환자의 입장에서도 아주 큰 장점이고, 의학적으로도 진단의 활용도가 매우 높기 때문에 미래 가치가 크다고 할 수 있습니다.

냄새로 코로나19를 진단할 수 있다면?

최근 코로나19가 우리의 생활에 엄청난 영향을 미치고 있지요. 지인이나 본인이 밀접 접촉자로 분류되는 것도 흔히 겪는 상황이 되었습니다. 이 책을 읽는 분들 중에서도 아마 직접 검사를 받아 보신 분들이 있을 텐데요. 현재는 코 깊숙이 면봉을 찔러 넣어 침샘 조직의 샘플을 채취하여 검사하는 방법을 사용하고 있습니다. 면봉을 상당히 깊이 찔러 넣어야 해서 많은 사람들이 짧지만 강한 통증을 호소하고 있지요.

그런데 코로나19도 면봉을 사용하지 않고, 대상자의 입냄새를 검사하여 진단할 수 있다면 어떨까요? 자신의 숨을 조그마한 냄새 샘플봉지에 내쉬고, 이것을 분석기가 검사하는 방식을 사용한다면 훨씬 편리하지 않을까요?

이러한 장점 때문에 코로나19를 냄새로 진단하려는 연구가 활발히 진행되고 있습니다. 현재까지 코로나19을 냄새로 진단하는 연구는 탐지견을 사용하고 있는데요. 탐지견에게 코로나19 환자의 땀냄새와 일반인의 땀냄새를 학습하게 한 후, 테스트를 진행했습니다. 탐지견에 따라 차이가 있기는 했지만, 탐지성공률이 일반적으로 80%가 넘는다는 다수의 연구결과가 보고되고 있습니다. 하지만 현재로서는 테스트한 환자의 샘플 숫자가 연구마다 수십 명에 그치고 있어 조금 더 큰 규모의 연구가 진행되어야겠지요. 더 큰 규모의 연구결과가 검증될 경우 코로나19 검사소에서 탐지견을 보게 될 수도 있을 것 같습니다.

인공센서, 탐지견을 대신하다

하지만 탐지견 관련 문제도 해결해야 할 숙제입니다. 탐지견은 10억 분의 1의 농도[1 part-per-billion]의 냄새까지 감지가 가능할 만큼 높은 민감도의 후각을 가지고 있습니다. 그럼에도 불구하고 탐지견이 공항이나 경찰견 등으로 특수한 상황에만 사용되는 것은 그 훈련과 유지에 천문학적 금액이 들어가기 때문입니다. 인천공항에 있는 탐지견의 최초 훈련비용에는 1억 원 정도가 소요된다고 합니다.

더 어려운 점은 이렇게 훈련된 탐지견이 집중해서 탐지활동에 투입 가능한 시간이 하루에 1시간 정도에 불과하다는 것입니다. 탐지견의 스트레스 문제도 있겠지요. 더불어 탐지견은 전담 탐지요원과 훈련부터 탐지활동까지 짝을 이루어 활동하기 때문에 탐지요원이 자리를 비울 경우 활동이 어렵습니다. 탐지견에 대한 거부감을 가지고 있는 검사자도 있을 수 있겠지요. 이러한 여러 현실적인 어려움으로 인해 탐지견을 진단 검사에 활용하는 데에는 한계가 있습니다.

그런데 탐지견의 능력을 대체하는 인공센서를 만들 수 있다면 어떨까요? 먼저 현재 연구되고 있는 냄새센서를 예로 들어 그 원리에 대해 알아보겠습니다. 냄새물질은 매우 작은 분자형태를 띠고 있어 이것이 감지되기 위해서는 공기 중에서 센서와 결합해야 합니다. 그리고 이 결합이 센서의 전기적 또는 물리적 구성에 미세하게 영향을 미쳐야 하겠지요. 이때 일어나는 변화가 전기신호나 빛신호로 외부에 전달되

교실 밖에서 듣는 바이오메디컬공학

| 훈련하는 탐지견 |

면 비로소 측정이 가능해집니다.

가장 널리 사용되는 인공 냄새센서는 금속 산화막 반도체 전계효과 트랜지스터 또는 MOSFET^{Metal-Oxide-Semiconductor Field-Effect Transistor}이라 불리는 재료입니다. MOSFET은 반도체여서 전기가 흐를 수도 있고 흐르지 않을 수도 있습니다. 이때 전기가 흐를지 말지를 결정하는 것이 게이트라는 부분의 전압인데요. 다시 말하면, 게이트의 전압에 따라 전기가 흐를 수도 있고 안 흐를 수도 있습니다. 이때 게이트에 음전하나 양전하를 띠는 냄새 분자가 결합하면 이것이 전기의 흐름에 영향을 미치게 되고, 이 전류값을 측정함으로써 냄새의 유무와 농도를 파악할 수 있게 되는 것이지요.

MOSFET과 같은 인공 냄새센서의 성공 여부는 특정 냄새와 얼마나 잘 결합하는지가 관건입니다. 냄새를 구별하기 위해서는, 모든 냄새가 아닌 특정 냄새에만 결합해야 하고, 농도가 낮은 경우에도 결합해야 합니다. 즉 민감하게, 그리고 선택적으로 결합해야 하는데요. 하지만, 반도체에 사용되는 단단한 고체물질의 경우 냄새와의 결합 효율이 매우 떨어집니다. 공기 중에 떠다니는 냄새물질은 고체보다는 액체나 부드러운 고분자 물질에 더 잘 결합하기 때문이지요. 따라서, MOSFET의 게이트 부분에 고분자 구조를 결합하여 냄새물질을 감지하는 냄새센서도 활발히 연구되고 있습니다.

동물의 후각에서 배울 점

이러한 고분자 물질 중 냄새에 가장 잘 결합하는 고분자는 역시 동물의 코에서 냄새와 결합하는 '후각수용체'라는 단백질입니다. 후각수용체에는 냄새물질과 결합하는 주머니binding pocket라는 곳이 있어서 특정 구조의 냄새물질에만 결합하는 높은 선택성을 보이지요. 또 단백질은 진화를 통해 냄새물질과 제일 잘 결합할 수 있게 발달되었기 때문에 매우 높은 민감도를 보입니다.

사람의 경우 300여 종의 후각수용체가 있고, 탐지견의 경우 1,000여 종의 후각수용체를 갖고 있는데요. 이를 활용하여 냄새센서를 개발한다면, 탐지견처럼 높은 성능을 보이는 냄새센서가 만들어질 수 있습니다. 이렇게 동물의 후각수용체와 반도체를 결합한 센서는 '생체전자코'라 불리는, 세계적으로 많은 연구팀에서 활발히 연구하고 있는 주제입니다. 생체전자코를 만들기 위해서는 동물의 후각수용체를 대량으로 배양하고 이를 반도체 위에 안정적으로 입히는 기술이 필요합니다. 이뿐만 아니라 단백질을 입힌 후에도 단백질이 장시간 건강하게 유지될 수 있도록 인공점막질을 입히는 기술 역시 중요하지요.

그런데 만약 동물의 후각수용체를 활용한다면 어떤 동물의 후각수용체가 적당할까요? 이에 대한 이야기를 하기 위해 먼저 후각수용체의 발견 과정에 대해 알아보겠습니다. 후각수용체의 발견은 2004년 노벨상을 수상한 중요한 연구였습니다. 컬럼비아대학교의 리처드 액셀Richard Axel과 린다 벅Linda Buck이 진행한 이 연구는 1,000여 개의 후각수용체 유전자의 발견에 대한 것이었지요.

이 연구결과에서 놀라운 사실은 우리의 몸에 있는 유전자의 수가 약 20,000개인데, 그중 후각수용체 유전자가 1,000여 개로 약 5%나 차지한다는 점입니다. 우리의 시각센서에 사용되는 로돕신이라는 단백질에는 4가지 종류가 있고, 미각에는 40여 개의 유전자가 있는 것에 비하면 적어도 유전자의 숫자에서는 후각이 다른 감각에 비해 절대적으로 큰 비중을 차지하고 있는 셈이지요. 참고로 사람의 후각수용체 유전자 1,000여 개 중 70% 정도는 동작을 하지 않도록 고장이 나 있는 상태입니다. 왜 그럴까요? 냄새물질은 일반적으로 무겁기 때문에 공기 중에서 아래로 가라 앉는 성질을 가지고 있어서, 대부분 지표면에서 30cm 정도에 위치하는 것으로 알려져 있습니다. 따라서 작은 동물들이나 4족 보행을 하는 동물은 이러한 냄새물질을 활용해 다양한 정보를 획득할 수 있지요. 하지만 사람의 경우 덩치도 크지만 진화를 통해 직립보행을 하게 되면서 코가 지표면에서 멀어지게 되었습니다. 따라서 사용할 수 있는 냄새물질의 종류가 그만큼 적어졌고, 지표면 가까이에 있는 냄새만을 감지하는 후각수용체가 퇴화된 것이지요.

왜 후각수용체는 이렇게 많은 종류가 있을까요? 그 이유는 냄새 분자의 종류가 그만큼 다양하기 때문입니다. 그만큼 많은 수의 센서를 사용하여 이들의 반응 관계를 비교해야 냄새의 종류를 정확히 탐지할 수 있습니다. 반면 시각의 경우 그 자극원이 광자라는 동일한 물질인 데다 색깔의 경우 빛의 파장을 분석하면 감지가 가능하기 때문에 소수의 센서로도 효과적인 감지가 가능하지요.

노벨상을 수상한 이 후각수용체에 대한 연구는 생쥐를 이용해 진행했는데요. 생쥐의 후각계통은 사람의 후각계통과 거의 동일한 구조를 가지고 있어 훌륭한 선택이었지요. 하지만 생쥐나 사람의 후각수용체는 모두 혼자서 동작하지 않고, 전기신호를 만들어 내기 위해서는 여러 부가적인 단백질이 필요하다는 단점이 있습니다. 생쥐의 후각수용체를 인공센서에 활용하기 위해서는 이러한 단백질을 모두 만들어줘야 하기 때문에 어려움이 큽니다.

결정적으로 생쥐의 후각수용체 각각이 어떤 냄새에 반응하는지에 대해서 많이 알려져 있지 않습니다. 후각수용체 세포가 생쥐의 코 안쪽에 있기 때문에 이 세포들을 눈으로 직접 확인하고 냄새반응을 측정하는 것이 기술적으로 매우 어렵기 때문입니다. 따라서 냄새반응을 측정하기 위해서는 후각수용체 세포를 실험실에서 키우는 모델 세포에 넣고 간접적으로 측정하는 방식을 사용하는데요. 방법이 복잡하고 성공률이 높지 않은 만큼 1,000여 개의 수용체 중 냄새 특성이 밝혀져 있는 수용체는 아직 10개 내외에 불과하지요.

이런 생쥐의 단점 때문에 후각연구가 가장 활발히 진행되고 있는 생물은 다름 아닌 초파리입니다. 맞습니다. 여름에 포도를 먹으면 여지없이 나타나는 초파리, 과일껍질이 있으면 여지없이 알을 까서 번식을 하는, 그 골치 아픈 초파리입니다. 초파리의 후각도 매우 발달되어 있는데요, 생쥐에 이어서 후각이 연구되기 시작한 동물이 바로 이 녀석입니다. 초파리의 장점은 더듬이를 통해 냄새를 감지하는데, 후각감지세포가 외부에 그대로 노출되어 있어서 냄새반응을 측정하기가 훨씬 용이하다는 점입니다. 초파리의 경우 60여 종의 후각수용체가 있고, 놀랍게도 사람의 후각시스템과 매우 유사한 구조의 신경회로를 가지고 있다는 사실이 확인되었습니다. 이러한 장점 때문에 거의 모든 후각수용체에 대한 냄새반응이 측정될 수 있었지요. 이뿐만 아니라 전기신호를 만들기 위해 다른 부가적인 단백질이 필요한 생쥐나 사람의 후각수용체와는 달리 초파리의 후각수용체는 후각수용체 자체가 전기신호를 만들어 내기 때문에 모델 세포에 발현하기가 훨씬 쉽습니다. 이런 이유들 때문에 초파리 후각수용체가 냄새센서 개발과 관련해서 큰 관심을 받고 있는 것입니다.

특히 이러한 초파리의 후각수용체로 구성된 막을 반도체나 전기가 흐르는 소자 위에 입히면 냄새물질이 후각수용체에 결합하는지의 여부를 전기신호를 통해서 파악하는 것이 가능합니다. 그렇다면 이렇게 센서를 개발하기만 하면 인공후각을 만들어 낼 수 있는 것일까요? 물론 가능성은 매우 크지만, 병원에서 질환을 진단하기 위해 사용되기까지는 아직 풀어야 할 문제들이 남아 있습니다.

먼저 인공후각이 냄새의 종류와 농도를 정확하게 알아내기 위해서는 냄새센서에서 측정되는 신호를 분석하는 신호처리 과정이 필요합니다. 그런데 이 과정에서 가장 큰 문제는 냄새센서가 공기 중의 다양한 기체 분자와 예상치 못한 결합을 할 수 있다는 점인데요. 이런 예상치 못한 결합때문에 측정한 냄새신호에 원치 않는 잡음이 섞이게 됩니다. 이런 잡음을 없애지 못하면 냄새물질을 민감하게 잡아낼 수 없겠지요. 그런데 사실 동물의 경우에도 같은 문제가 있을 텐데 동물은 어떻게 이런 잡음을 줄이고 냄새신호를 정확하게 탐지해낼 수 있는 걸까요? 비결은 바로 같은 종류의 후각수용체 세포를 여러 개 사용한다는 점에 있습니다.

사람이나 개, 초파리의 후각수용체 세포에서 만들어진 신호는 코 뒤에 있는 뇌구조로 전달되는데요. 이 과정에서 같은 종류의 후각수용체 세포에서 측정한 센서신호들은 모두 같은 후각사구체로 들어가서 합쳐지게 됩니다. 그러면 센서들 간의 잡음은 서로 상쇄되고, 모든 세포들이 공통적으로 반응하는 냄새신호만 증폭되는 것이지요. 동물은 이렇게 다수의 센서를 사용하는 방식으로 아주 민감하고 정밀하게 냄새를 구별해 낼 수 있습니다. 인공후각에서도 이와 같이 센서의 개수를 대폭 늘리고, 이들에서 나오는 신호를 적절히 처리하면 잡음에는 반응하지 않고 목표 냄새에만 민감하고 선택적으로 반응하는 센서를 개발할 수 있겠지요. 빠른 기술 개발을 통해 의료분야에서도 후각을 통한 질환 진단이 실용화될 수 있기를 기대합니다.

동물의 후각센서를 활용한 인공후각 센서에 대한 연구개발과 함께 질병 고유의 냄새 분자에 대한 연구가 이루어지고 있어서, 피를 뽑거나 내시경을 사용하지 않고 냄새만으로 질환을 진단하는 것이 가능할 날이 멀지 않았습니다. 현재 가장 많이 연구된 질병은 대장암과 폐암과 같은 질환들이 있으며, 전 인류의 삶을 힘들게 하는 코로나19도 냄새를 통해 측정이 가능해질 것입니다. 하루빨리 이러한 인공후각 질병진단 기술이 개발되어 훨씬 간편한 정밀건강검진까지 가능한 시대가 오기를 기대해 봅니다. 대장내시경과 같은 힘든 검사에서 벗어날 수 있도록 말이지요.

4

내 몸속의 초소형 드론

○
○

캡슐형 내시경

세계인의 축제 올림픽은 전 세계의 국가가 참여하는 만큼 많은 이들의 이목이 쏠리는 행사입니다. 특히 올림픽의 개막식은 축제의 시작을 알리는 커다란 이벤트인 만큼 개최국에서 가장 연출에 신경을 많이 쓰는 행사인데요. 최근 개최된 올림픽과 그보다 조금 더 오래 지난 올림픽의 개막식 영상을 보다 보면 재미있는 차이를 발견할 수 있습니다. 바로 '드론'의 등장입니다.

드론의 등장을 선명하게 느낄 수 있었던 것은 2012년 런던올림픽에서부터입니다. 그 전에도 인간이 직접 촬영하기 힘든 공중은 지미집Jimmy Jib 카메라나 헬리콥터 등 기계의 힘을 빌려 촬영하곤 했지만, 2012년을 기점으로 드론을 이용한 공중 촬영의 빈도가 훨씬 높아졌습니다. 크레인에 달려서 한정된 공간의 영상만을 보여주는 지미집 카메라나 크기가 크고 띄우는 데에 높은 비용이 드는 헬리콥터와 달리, 작고 (상대적으로) 저렴한 드론은 화면 연출에서 중요한 역할을 했지요. 드론을 통해 지면을 훑으면서 날아가거나 공중에 떠서 구석구석 이동하며 행사 참가자들을 보여주는 등의 연출이 더해지면서 개막식 영상에 역동성이 더해질 수 있었습니다.

이렇게 드론 영상의 효용을 체감하기 시작하자 드론은 스포츠 경기나 위험지역 탐사 등에도 사용되기 시작했고, 다른 기술과 결합해 택배나 군사 목적으로도 사용하기 위한 연구가 이뤄지는 중입니다. 또 최근에는 드론 촬영을 취미로 삼는 사람들이 많을 정도로 대중화되었지요. 이렇게 드론의 발전은 우리가 일반적인 카메라로 촬영할 수 없는 높이나 각도에서 영상을 촬영할 수 있게 해 주었습니다.

그런데 우리 몸에도 일반적인 카메라로 촬영하기 힘든 곳들이 있습니다. 바로 우리의 몸속입니다. 특히 사람의 소화기관 내부는 CT나 MRI로도 관찰하기가 어렵기 때문에 내시경을 이용해서 의사들이 환부를 직접 눈으로 살펴보게 됩니다. 일반적으로 쓰이는 내시경은 목구멍을 거쳐 위와 소장을 연결하는 십이지장까지 관찰할 수 있고, 항문을 통해 대장으로 관을 집어넣는 '대장 내시경' 검사를 통해서는 대장을 관찰할 수 있습니다.

내시경을 통한 촬영은 지미집이나 헬리콥터를 통한 공중 촬영과 비교해볼 수 있습니다. 지미집과 헬리콥터는 분명 인간이 자력으로 도달하기 힘든 공간에서 영상을 촬영할 수 있도록 돕는 유용한 도구이지만, 크기나 거치 등의 한계가 명백한 편입니다. 이와 마찬가지로 일반적인 호스관을 삽입하는 내시경은 환자에게 불편함과 고통을 안겨주기도 하고, 수면 내시경의 경우에는 내시경 시약제에 대한 부작용이 있을 수 있습니다. 또 위와 대장 사이에 있는 소장은 가늘기도 하고 깊이도 6~7m에 달할 만큼 길기 때문에 내시경이 닿기가 어려워 직접 관찰하기가 어렵다는 단점이 있습니다. 이 때문에 의료계에서는 소장을 '암흑지대'라고 부르기까지 합니다.

이를 해결하기 위해 의공학자들은 정보통신기술을 바탕으로 다양한 공학기술을 융합한 최첨단 의료기술인 '캡슐 내시경'을 통해 이러한 문제점들을 극복하고자 하는데요. 캡슐 내시경은 우리가 일상적으로 먹는 비타민 알약 크기의 전자장치로 인체 내부를 이동하며 진단이 필요한 곳을 선택하여 촬영하고 그 정보를 무선통신을 통해 외부로 전달하는 장치입니다. 크기가 작고 위치가 고정되지 않아 이동이 자유로운 것이 마치 드론과도 같습니다. 그럼 내 몸속에서 이동하는 초소형 드론, 캡슐형 내시경에 대해서 좀 더 알아보도록 할까요?

캡슐형 내시경은 어떻게 작동할까

사람이나 기계가 작아져 인체를 탐험한다는 소재는 1966년의 영화

교실 밖에서 듣는 바이오메디컬공학

〈마이크로 결사대〉에서 시작하여 1987년에 상영된 영화 〈이너스페이스〉를 거쳐 오늘날까지 이어져 오고 있습니다. 그만큼 우리 몸속을 탐험하고 관찰한다는 소재는 오래 전부터 많은 사람들에게 흥미를 끄는 주제 중 하나인데요. 여기에 더해 최근에는 의료계에서도 몸속 탐험에 큰 관심을 보이고 있습니다. 몸속을 직접 보는 일은 치료에 있어서 매우 큰 장점을 갖고 있기 때문입니다.

몸속으로 들어가 촬영을 하기 위해서는 그 크기가 소화기관을 통과할 수 있을 만큼 작아야 할 것입니다. 따라서 일반적인 캡슐형 내시경의 크기는 보통 직경 약 11~12mm, 길이는 약 26~31mm 정도에 무게는 약 4g으로 크기와 무게가 우리가 흔히 먹는 알약 정도에 불과합니다. 카메라치고는 굉장히 작은 크기와 무게이지만, 이 작은 크기의 내시경은 다음 페이지의 그림과 같이 촬영을 위한 이미지 센서, 촬영 시 빛을 제공하는 LED 광학체, 내시경의 동작을 위한 배터리, 촬영 정보를 송신하기 위한 통신장치(텔레메트리 및 안테나) 등으로 가득 차 있습니다. 캡슐형 내시경에 포함된 전자부품들은 인체에 무해한 재질로 둘러싸여 있으며 소화기관 내에서 부식되지 않는 장점이 있습니다. 또 체내에서 8시간 정도 동작한 뒤 사용이 완료되면 대변과 함께 배출되어 그대로 버려질 수 있도록 제작됩니다.

작지만 강력한 캡슐형 내시경은 초당 수 장~수십 장의 이미지를 촬영하며, 이를 통신부를 통하여 외부로 발신합니다. 의사들은 환자의 신체에 부착된 수신기를 통해 이미지를 실시간으로 살펴볼 수 있지

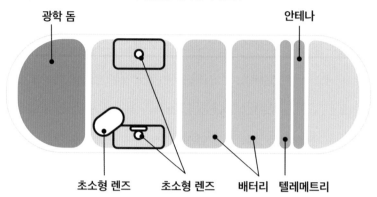

| 캡슐형 내시경의 구조 |

광학 돔   안테나

초소형 렌즈   초소형 렌즈   배터리   텔레메트리

요. 캡슐의 렌즈는 인체 내부 촬영을 위해 최대한 넓은 광각을 가지는 것이 중요한데, 최근에는 360도 관찰이 가능한 기술도 개발되었습니다. 삼켜진 캡슐은 소화기관을 따라 이동하기 때문에 수신기는 인체의 여러 부분에 부착되어 내부로부터 나오는 캡슐의 신호를 수신하게 됩니다. 이렇게 수신된 이미지 데이터는 신호처리 과정을 거쳐서 진단 소프트웨어를 통해 의사가 병변의 유무를 파악하는 데 도움을 주지요. 최근에는 인공지능 기술을 접목해서 병증을 자동으로 판별해 주는 기술들도 함께 사용되고 있습니다.

이렇게 내시경이 촬영한 이미지를 송수신하기 위한 통신 방식은 크게 RF^{Radio Frequency} 무선통신 방식과 인체를 매질로 이용하는 인체통신 HBC, Human Body Communication 방식으로 나누어집니다. RF 방식은 쉽게 생각해서 일반적인 휴대폰 또는 무선마이크의 통신 방식과 비슷하다고 생각하면 되는데요. 캡슐형 내시경에서는 433.92 MHz의 주파수를 주로 사용합니다. RF 방식은 촬영된 정지영상을 '0'과 '1'로 이루어진 디지털신호로 변환한 뒤 송신 안테나를 거쳐 인체 밖으로 신호를 무선 전송하고 수신기에서는 수신 안테나를 거쳐 측정된 무선신호를 다시 영상으로 복원하게 됩니다. 우리가 휴대폰에서 원하는 사진을 친구에게 전송하면 휴대폰에서 사진을 고주파로 변환해서 무선으로 기지국에 보내고 기지국에서 친구의 휴대폰에 전송한 뒤, 이 고주파신호를 다시 사진으로 변환하는 것과 같은 원리입니다.

이에 비해 인체통신 방식은 인체가 전기가 통하는 하나의 도전체임을 이용해서 전기적인 신호를 주고받을 수 있다는 아이디어에서 출발한 기술인데요. 캡슐에서 획득한 영상 디지털 정보를 미세한 전압·전류신호로 변환한 후에 인체를 통해 전송하고, 이를 몸에 부착한 전극 패치가 감지하여 다시 원래 이미지로 복구하는 방식입니다. 이때 몸에 흐르는 전류는 건강검진에 사용되는 정도의 매우 약한 전류로 인체에는 전혀 무해하며, RF 방식과 달리 통신 소자나 안테나가 필요하지 않기 때문에 소형화 및 저전력 설계가 가능한 것이 장점입니다. 캡슐형 내시경에서 사용되는 인체 통신 기술은 현재에도 연구가 활발히 이뤄지고 있는데요. 가까운 미래에는 IoT 기술과 융합하여 인체통신이 가능한 휴대폰을 지니고 있으면 아파트 문에 손을 대기만 하여 신원을 확인한다거나 만난 사람들끼리 서로 악수를 하는 것만으로 서로의 명함을 교환할 수 있는 형태로까지 발전하지 않을까 싶습니다.

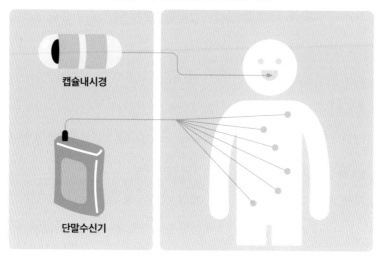

| 캡슐형 내시경을 위한 인체 통신 기술 |

캡슐내시경

단말수신기

인체통신 송신기
(캡슐 내시경) ⇒ 인체를 통한
신호 전달 ⇒ 인체표면에 부착된
수신 전극들 ⇒ 인체통신 수신기
(디스플레이 장치)

몸 안에서 캡슐을 조종하는 방법

체내에 들어간 캡슐은 일반적으로 장의 연동 운동을 따라 움직이지만, 예상치 않게 캡슐의 진행속도가 빨라지거나 하는 문제로 병변이 있는 영역을 촬영하지 못하고 지나치는 상황이 발생하기도 합니다. 이렇게 되면 몸속으로 들어가 직접 촬영을 하는 장점이 사라지겠지요. 개당 수십만 원에 이르는 내시경 비용이 허사가 되어버리는 것은 덤입니다. 이런 단점을 보완하기 위해 최근에는 캡슐을 체내에서 조종할 수 있는 방법들이 연구되고 있습니다.

캡슐을 체내에서 조종하기 위한 구동 방식은 크게 기계적인 방식과 전자기적인 방식으로 나눌 수 있습니다. 먼저 기계적인 방식은 캡슐에 곤충의 다리 모양, 물고기의 지느러미, 혹은 애벌레가 기어가는 방식 등을 모방한 기술을 적용하여 캡슐을 체내에서 원하는 곳으로 이동할 수 있도록 구동하는 것입니다. 이런 캡슐은 내부 동력을 이용하여 직접 움직이기 때문에 우리 몸 내부에서 좀 더 정확한 제어가 가능하다는 장점이 있습니다. 다만 자체 동력을 위해 추가적인 전력 소모가 발생하고 여러 기계적 장치들로 인해 캡슐의 크기가 커지게 되므로 아직은 대부분의 기술이 연구개발 단계에 머물러 있지요. 향후 마이크로 로봇 관련 기술과 배터리 기술이 더욱 발전한다면 기존의 수면내시경을 완전히 대체할 수 있을 것으로 기대됩니다.

한편 전자기적인 구동 방식은 우리가 흔히 사용하는 자석의 원리를

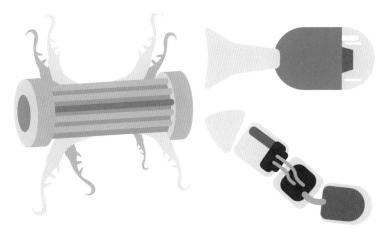

| 캡슐형 내시경의 기계적 구동을 위한 캡슐 디자인 |

이용해 외부에서 자기장을 발생시켜 체내의 캡슐을 원하는 곳으로 이동시키는 방법입니다. 학교에서 책상 위의 금속을 책상 아래에서 자석을 이용하여 원하는 곳으로 끌고 다녔던 경험이 있다면 좀 더 이해가 쉽지 않을까 생각합니다. 전자기적인 구동 방식은 자체적으로 구동을 시켜야 하는 기계적 구동 방식에 비해 전력 소모 측면에서는 좀 더 유리하지만, 강한 자성을 가진 전자석을 이용해서 캡슐을 이동시켜야 하므로 환자가 장시간 동안 고정된 자세로 있어야 한다는 불편함이 있고 전자석에서 발생하는 자기장에 의한 부작용의 가능성이 있습니다.

최근 개발되고 있는 최첨단의 캡슐형 내시경은 단순한 이미지 촬영뿐만 아니라 조직을 채취하거나 약물을 전달하는 기능도 갖추고 있습니다. 이를 위해서는 정확히 원하는 곳으로 캡슐을 조종하기 위한 자세 제어 기술이 필수적이겠지요. 앞으로 의공학자들의 연구를 통해 캡슐형 내시경 기술이 더욱 발전하여 우리 몸속을 단순히 탐험하는 데 그치지 않고 질병을 치료할 수 있는 도구로까지 발전하기를 기대해 봅니다.

조그마한 드론은 연출 영상에 역동성을 부여하였고, 이후 군사, 물류, 분석 등의 분야에 새로운 길을 개척하는 커다란 산업이 되었습니다. 캡슐형 내시경도 그 시작은 소장 부근의 보기 힘들었던 지역의 사진 촬영에 있었지만, 여러 분야와의 협업을 통해서 촬영한 사진을 이용한 자율진단이나 내시경을 이용한 정밀 치료와 같이 다양한 응용 분야에 적용되려 하고 있습니다. 앞으로 캡슐형 내시경의 사례에서처럼 여러 분야를 뛰어넘는 협업이 더욱 많아져서 새로운 바이오메디컬 공학 기술이 탄생하기를 기대합니다.

교실 밖에서 듣는 바이오메디컬공학

5

질병을 예방하는 똑똑한 시계

∘
∘
∘

스마트 의료기기

2015년도 여름, 캐나다에 사는 데이스 엔젤모^{Dennis Anselmo} 씨는 몸이 좋지 않은 상태로 울타리를 시공하고 있었습니다. 오한이 느껴지고 속이 메스꺼웠지만 일반적인 독감이라고 생각하며 작업을 계속하던 그는 2주 전 구입한 스마트워치를 보고는 깜짝 놀랐는데요. 그의 심박수가 분당 210회 이상으로 빠르게 뛰고 있었기 때문입니다.

병원 진단 결과 심장 주변 동맥의 70% 가까이가 막혀 있었어서 즉시 치료를 받지 않았다면 수 시간 내에 심장마비로 목숨을 잃을 수도 있었다고 합니다. 엔젤모 씨의 사례는 사실 먼 이야기가 아닙니다. 스마트기기가 사용자의 목숨을 구한 기적같은 이야기가 실제로 종종 일어나고 있기 때문인데요. 요즘의 스마트기기들은 컴퓨팅이나 통신 기능을 넘어, 일종의 스마트 의료기기로 진화하고 있습니다.

아마 이 책을 읽는 동안에도 스마트폰을 손에서 놓지 못하거나 스마트워치를 확인하는 독자분들이 있을 것 같은데요. 이렇게 사용자가 자발적으로 몸에 지니고 다니는 '작은 컴퓨터'의 등장은 의료와 정보통신을 융합하는 스마트 헬스케어 기술의 발전에 큰 영향을 미치고 있습니다. 스마트기기를 이용해 수집한 건강정보 빅데이터를 인공지능 기술로 분석한다면 단순히 질병을 진단하는 것을 넘어서 질병을 예방하는 것도 가능해질 수 있기 때문인데요. 이번 장에서는 진단기기로 활용되고 있는 스마트기기에 대해 알아보려고 합니다.

스마트워치, 진단기기가 되다

스마트폰에 이어 요즘 가장 인기몰이를 하고 있는 것이 바로 '스마트워치'입니다. 지하철을 타면 이제는 가죽이나 메탈로 된 시계보다 스마트워치를 착용한 사람들을 더 많이 볼 수 있지요. 그 인기만큼이나 스마트워치는 인체와 접촉하며 다양한 생체신호를 측정할 수 있기 때문에 가장 주목받는 스마트 헬스케어 기기가 되고 있는데요. 피부와 맞닿는 스마트워치의 바닥 면에는 다양한 헬스케어 센서들이 모여 있습니다.

그중에서 심박 센서는 표피층 아래의 혈관을 따라 흐르는 혈액의

| 스마트워치에 탑재된 심박 센서: 심장 박동의 실시간 측정이 가능하다 |

양을 감지하는데요. 심장이 주기적으로 수축·이완을 반복하며 전신으로 혈액을 순환시킬 때, 혈류량 또한 동일한 주기로 증감을 반복합니다. 따라서 혈류량을 측정하면 심장 가까이에 기기를 대지 않아도 심박수를 측정할 수 있지요.

그런데 심박 센서는 어떻게 혈류량을 측정할까요? 바로 혈액이 적색 파장의 빛은 반사하고 녹색 파장의 빛은 흡수한다는 성질을 이용하는데요. 심장이 수축하여 혈류량이 증가하면 녹색광이 더 많이 흡수되고, 반대로 이완할 때는 혈류량이 감소하여 녹색광의 흡수량이 줄어들게 됩니다. 이때 스마트워치 바닥면의 녹색 LED가 혈관을 비추고 반사되는 빛의 양을 심박 센서가 측정하면 심박수를 측정할 수 있습니다.

이밖에도 최근에는 피부에 흐르는 미세 전류를 측정하는 심전도 센서가 내장된 스마트워치가 코로나19 백신 부작용 중 하나인 심낭염 발견에 도움을 주기도 했습니다. 심전도 센서는 부정맥 진단처럼 잠재적인 심장질환을 찾아내는 데에도 유용할 것으로 보입니다. 또 산소 분자와 많이 결합할수록 적혈구가 붉은색을 더 띤다는 사실을 이용해서 혈중 산소 포화도를 측정할 수 있는 기술도 최근 개발되어 우리 몸의 건강상태를 측정해 주고 있습니다.

스마트폰, 가만히 있을 수 없다

스마트워치보다도 더 많은 사람이 사용하고 있는 스마트폰은 자신만의 장점을 이용해 스마트 의료기기로 변신하고 있습니다. 몸에 상시로 착용하고 있는 스마트워치가 아니기 때문에 생체신호를 측정하는 센서를 탑재하는 대신에 이미 내장되어 있는 고성능 카메라를 이용하는 것이지요.

우리나라에서는 아직 상용화되지 않았지만 피부의 병변을 검사하는 피부확대경dermoscopy을 스마트폰에 부착해서 촬영한 고화질의 피부영상을 기계학습 알고리즘으로 자동 판독하거나, 원격으로 영상을 전송해 피부과 전문의가 검진하는 스마트 의료서비스가 미국을 비롯한 다수의 국가에서 이미 시행되고 있습니다.

이뿐만 아니라 스마트폰을 이용해 암세포를 진단하는 기술도 개발되고 있는데요. 하버드 의과대학 연구팀은 암세포에 특이적으로 결합

| 스마트폰에 부착된 피부확대경으로 촬영한 인간 흑색종 |

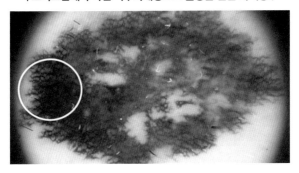

하는 미세입자가 세포에 부착했는지 여부를 스마트폰 카메라 사진을 분석해서 알아내는 방법으로 암세포를 검출하는 데 성공했는데요. 이 때 사람 머리카락 두께의 1/10 수준인 7 마이크로미터 크기의 미세입 자가 세포에 부착되었는지를 정밀하게 판별하기 위해 디지털 홀로그 래피holography라는 기법을 이용했습니다. 그런가 하면 UCLA 연구진은 디지털 홀로그래피 기법을 이용해서 말라리아에 감염된 혈액세포의 검 출에 성공했는데요. 고가의 현미경이 없이도 스마트폰만으로 말라리아 진단이 가능해진다면 매년 말라리아로 인해 수십만 명의 사망자가 발생 하는 아프리카의 의료 환경 개선에 큰 도움이 될 수 있을 것입니다.

홀로그래피는 핀홀pin hole*을 통해서 조사된 빛이 세포를 통과할 때, 조사된 빛과 세포에서 산란된 빛 사이에서 발생하는 간섭 패턴을 이 용하는 광학 영상기술인데요. 간섭된 회절 패턴은 마치 잔잔한 수면

---

* 바늘구멍만큼 작은 구멍을 의미합니다.

에 돌을 던졌을 때 퍼져나가는 동그란 물무늬와 같이 세포 및 미세입자의 패턴에 따라 규칙적으로 달라지게 됩니다. 이 회절 패턴은 미세입자보다 크기가 크기 때문에 스마트폰 카메라만으로도 촬영이 가능하지요. 촬영된 회절 패턴을 이미지 복원 알고리즘을 이용해서 복원하면 우리가 현미경에서나 볼 수 있었던 고해상도의 암세포 및 미세입자 이미지를 얻어낼 수 있습니다.

스마트기기가 바꿀 미래

이러한 스마트 헬스케어 기기들이 앞으로 의료 환경을 어떻게 바꾸게 될까요? 아마도 생체신호를 상시 모니터링함으로써 질병의 발생을 미리 예측하고 선제적인 예방 치료를 가능하게 할 것입니다. 이와 관련해서 스탠포드 의과대학 연구진은 스마트워치를 이용한 심박수 모니터링에 관한 흥미로운 연구결과를 보고했는데요. 스마트워치 사용자 40만 명을 대상으로 8개월 간 심박수 모니터링을 수행한 임상연구 결과, 전체 참여자의 0.5%가 심장박동에 이상이 있다는 알람을 스마트워치로부터 받았으며 이 중 34%의 참여자는 최종적으로 심장박동 이상증세인 심방세동으로 진단 받았습니다.

심방세동은 심장이 불규칙하게 뛰는 부정맥의 일종으로 정상적으로 심방이 수축하기 않기 때문에 심방 내에 피가 고이며 혈전이 생기게 되는데요. 이렇게 생성된 혈전은 뇌혈관을 막아 중증 질환인 뇌졸중을 일으키는 주요 원인이 될 수 있지만 별다른 증상이 없어 발병 여부를 쉽게 확인하기 어려웠습니다. 그런데 스마트워치의 발전으로 심장박동 이상을 감지한 환자가 의사에게 정밀 진단을 요청하고 예방 치료를 받는 것이 가능해진 것이지요.

하지만 스마트 헬스케어 기기가 의료 환경을 혁신할 것이라는 기대에 대해 낙관하기에는 아직 이를 것 같습니다. 심박수 측정 이외에는 간편하게 생체신호를 측정하기 어렵기 때문인데요. 심전도 측정을 위해서는 스마트워치 전극에 손가락을 대고 있어야 하고, 암세포 진단을 위해서는 세포를 채취하고 미세입자와 결합시키는 복잡한 세포 처리 과정이 필요합니다. 이와 더불어 스마트기기로 측정한 생체신호의 측정 정확도 또한 대규모의 임상연구를 통해 그 정확성이 더 검증되어야 할 것입니다. 스마트기기가 측정한 정보를 바탕으로 원격진료로 이어지는 시스템까지 구축된다면 더할 나위 없겠지요.

스마트기기의 발달로 심장병 진단 등 벌써 여러 곳에서 스마트기기의 역할이 커지고 있습니다. 하지만 중요한 것은 아직 스마트기기는 현재 건강상태의 '측정'을 도와줄 뿐 질환의 '진단'을 해주고 있지는 않지요. 스마트기기가 전해주는 내 몸의 측정 정보를 수시로 잘 확인하고, 자가로 진단하기 보다는 곧바로 병원에 내원해 전문가의 도움을 받는 것 또한 중요합니다. 앞으로 '진단'에 가까운 결과를 내기 위해 스마트기기 기술은 그 정보에 대한 '신뢰도'도 확보해야 하겠지요.

6

빛으로 풀어내는 인체의 비밀

○
○
○

광유전학

빛을 이용하여 질병을 치료하는 능력은 애니메이션이나 SF 영화에서 자주 등장하는 소재 중 하나입니다. 2015년 개봉한 영화 〈킹스맨〉에서는 악당들이 사람의 귀 뒤에 칩을 이식한 뒤 레이저 빛을 이용하여 상처를 봉합하는 장면이 나오는데요. 실제로 첨단 바이오메디컬공학 기술의 발전은 이런 마법과도 같은 일을 현실에서 이뤄지게 하고 있습니다.

빛을 이용하여 질병을 치료하는 최신 기술 중에는 '광유전학Optogenetics'이라는 기술이 가장 활발히 연구되고 있는데요. 광유전학 기술은 글자 그대로 '빛Opto'과 '유전학Genetics'을 결합한 기술입니다. 광유전학은 자율주행 자동차, 개방형 인공지능 생태계, 나노 사물인터넷 등과 함께 세계경제포럼WEF에서 선정한 10대 유망 기술에 포함될 정도로 유망한 미래 기술로 평가받고 있습니다. 2021년 올해에는 미국 피츠버그대의 호세 샤헬Jose Sahel 교수와 스위스 바젤대의 보톤드 로스카Botond Roska 교수 공동 연구팀이 광유전학 기술을 이용해서 앞이 보이지 않는 시각장애인 3명이 사물을 인지할 수 있게 됐다고 국제학술지『네이처 메디신Nature Medicine』에 발표하기도 했습니다.

광유전학이란 정확히 무엇일까요? 광유전학은 한마디로 생명체의 세포를 빛으로 제어하기 위해 탄생한 분야입니다. 기존에는 우리의 신경세포를 활성화하기 위해서 화합물로 이뤄진 약물을 주입하거나 전기적으로 자극을 주었는데요. 이러한 방식은 목표로 하는 세포뿐만 아니라 주위의 다른 세포들에게도 영향을 주기 때문에 예상하기 어려운 부작용이 발생하는 경우가 많았습니다.

쉬운 예를 들어 보면 항암치료를 위해 빠르게 분화하는 세포만을 효과적으로 죽일 수 있는 약물을 투여했는데, 불행히도 모발 세포가 같이 파괴되어 머리카락이 빠지는 부작용이 발생하는 것이지요. 하지만 광유전학 기술을 활용하면 우리가 목표로 하는 세포에만 선택적으로 빛을 쪼여서 세포를 조절하는 것이 가능합니다. 따라서 원하는 세포만을 빠르고 정확하게, 그리고 안전하게 제어할 수가 있지요.

하지만 문제는 일반적인 상황에서는 우리의 세포가 빛에 자극을 받거나 반응하지 않는다는 점입니다. 만약 우리 몸의 세포들이 빛에 반응하여 자극된다면 햇볕 아래서 현재와 같은 인류 문명을 만들기가 어려웠겠지요. 그렇다면 어떻게 우리의 세포를 빛에 반응하도록 만들 수 있는 걸까요?

빛 탐지기 '녹조류 단백질'

광유전학 기술의 발전은 생물학 분야에서 먼저 시작되었는데요. 1960년대에 DNA의 이중나선구조를 발견한 공로로 노벨상을 수상한 프랜시스 크릭Francis Crick은 이후에 뇌신경과학 연구를 하면서 뇌의 기능을 통제하기 위해서는 단일 세포 수준의 제어가 필요하다고 제안했습니다. 하지만, 기존의 전기자극 방법으로는 주변의 세포에도 전류가 흐르기 때문에 원하는 수준의 정밀한 제어가 불가능했지요.

그러던 중 현재의 광유전학을 가능하게 한, '생체 빛 감지 센서'인 감광단백질이 '클라미도모나스 Chlamydomonas'라는 녹조류에서 처음 발견됐습니다. 이 녹조류에서 발견된 두 종류의 채널로돕신Channel rhodopsin*인 ChR1과 ChR2는 빛에 반응해서 세포막을 여닫게 하는데요. 특히 ChR2는 470nm의 파장을 가진 청색 빛을 쪼이면 수소이온이나 나트륨이온 같은 양이온을 세포의 안쪽으로 통과시키기 때문에 세포에서 전류가 흐르게 합니다.

---

* 빛에 의해서 열리고 닫히는 성질을 가진 이온 채널로 줄여서 ChR이라 씁니다.

교실 밖에서 듣는 바이오메디컬공학

현재 사용하는 것과 유사한 형태의 광유전학 실험은 2005년에 미국 스탠포드 대학의 칼 다이서로스Karl Deiseeroth 교수 연구팀에서 처음으로 수행되었는데요. 이들은 바이러스의 일종인 렌티바이러스Lentivirus를 이용해서 포유류의 신경세포에 ChR2를 이식했습니다. 그 결과 이 세포에 청색 빛을 가해 주었을 때만 세포가 전기신호를 발생시키는 현상을 관찰할 수 있었지요.

광유전학이라는 용어도 이 시기에 만들어졌습니다. 전 세계의 과학자들은 원하는 세포만 골라서 자극할 수 있는 광유전학 기술의 발견에 열광했지요. 많은 연구자들이 광유전학 실험에 뛰어들었고 예쁜꼬마선충, 병아리, 쥐, 나아가 포유류까지 많은 동물을 대상으로 광유전학을 적용하는 실험이 진행됐지요. 심지어는 자유롭게 활동하며 움직이는 포유류의 뇌에도 광유전학을 이용한 조작이 가능하다는 사실이 밝혀지면서 광유전학 기술의 적용은 폭발적으로 증가하게 됩니다.

기존의 전기생리학적인 방식으로는 세포를 정확히 자극하기 어려웠기 때문에 복잡한 세포 그물에서 신경신호의 전달과정을 정확하게 판단하는 것이 불가능했습니다. 하지만 광유전학에서는 온전히 사고하고 행동하는 포유류의 복잡한 생체 구조 내에서도 연구자가 원하는 세포만을 정확히 자극할 수 있기 때문에 신경신호와 행동 사이의 정확한 인과관계를 파악할 수 있게 되었지요.

이렇게 광유전학을 이용해 살아있는 포유류에게서 신경신호 전달과정의 인과관계를 정확히 알 수 있는 길이 열리게 되자, 어떤 신경세포가 기억과 감각, 행동, 생명유지, 질병과 같은 뇌의 기능을 담당하는지를 알아낼 수 있게 되었습니다. 한 예로 일본의 이과학연구소와 미국 MIT의 신경회로유전학센터 연구진은 광유전학 기술을 이용해서 알츠하이머 질환이 기억을 잃어버리는 장애가 아니라 뇌에 저장된 기억을 불러오는 과정에 문제가 생긴 것이라는 사실을 밝혀내기도 했는데요.

앞으로도 개별 신경신호와 뇌질환과의 관계가 광유전학 연구를 통해 밝혀지게 된다면 파킨슨병, 알츠하이머, 정서불안장애, 우울증, 뇌전증 등과 같은 다양한 신경정신질환의 치료뿐만 아니라 운동장애나 시각장애를 완화할 수 있는 길도 열리게 될 것으로 기대됩니다.

바이오메디컬공학과의 콜라보

생물학 분야에서 시작된 광유전학 기술이 급속도로 발전하면서 빛에 반응하는 단백질에 빛을 잘 전달하기 위한 '공학기술'도 함께 발전하게 되었습니다. 생물학 분야에서 광유전학으로 뇌를 연구하기 위해서는 빛을 쪼이기 위한 광원으로 아크 광원, 수은램프, 크세논램프 등을 사용했는데요. 뇌 부위를 얇은 절편으로 만들어 실험대에 올려놓은 뒤, 이들 광원을 이용해서 대상 영역에 빛을 쪼이는 방법을 사용했지요.

하지만 점점 살아있는 동물을 대상으로 하는 광유전학 실험에 대한 수요가 많아지면서 살아있는 개체의 뇌 안쪽에 빛을 전달해야 할 필요성이 생겨났습니다. 그런데 우리의 뇌조직은 불투명하기 때문에 외부에서 빛을 쪼여주는 방식으로는 뇌 안쪽의 조직까지 충분히 빛이 도달하기가 어려웠지요.

이를 해결하기 위해 의공학자들은 광통신 기술을 응용하여 뇌 안쪽에 초소형 광 파이버optical fiber를 삽입하고 원하는 목표로 정확히 빛을 전달하기 위한 기기를 고안해 냅니다. 이러한 기기를 이용하면 뇌조직을 따로 떼어내지 않고도 그림과 같이 살아있는 개체를 대상으로 짧게는 수 시간에서 길게는 몇 달까지 빛을 쪼여줄 수 있습니다.

하지만 이러한 광 파이버가 외부의 광원과 연결된 상태로 동물을 장기간 사육하는 것은 현실적으로 매우 어렵습니다. 연결된 와이어가 동물의 움직임에 의해서 손상될 가능성도 있고, 하나의 광 파이버로는 한 부위밖에 자극을 할 수 없다는 한계도 있지요. 특히 여러 마리의 동물에 광 파이버를 연결해서 동물의 사회성을 알아보는 실험을 진행한다면 동물들의 움직임에 의해 광 파이버가 얽힐 가능성도 있습니다.

역시 이때 가만히 있을 의공학자들이 아니지요. 의공학자들은 다수의 동물이나 여러 조직을 대상으로 광유전 자극 실험을 장기간 수행하기 위해 무선전력전송과 통신 기술을 사용하기로 합니다. 그리고 그림과 같이 광유전용 LED 광원을 포함한 밀리미터 크기의 초소형 무

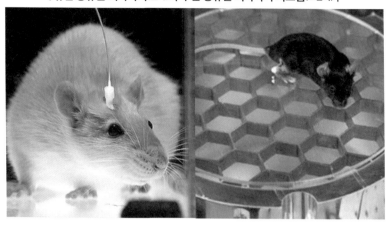

선전력전송 코일을 제작합니다. 이어 이것을 쥐의 뇌나 다른 생체 조
직에 이식한 뒤에, 쥐가 활동하는 케이지cage 내부에서 전파를 발생시
켜 무선으로 전력을 전달하고 데이터를 전송하는 방법을 개발합니다.

제작된 초소형 광유전 자극기는 크기를 줄이기 위해 배터리를 전혀
포함하고 있지 않는데요. 그 대신 케이지 바닥에 깔린 육각형 모양의
송신코일에서 발생하는 전자파를 받아서 전원으로 사용합니다. 쥐가
케이지 내에서 자유롭게 활동하는 동안 연구자들은 외부에서 컴퓨터
를 이용해 이식된 광유전 자극기를 자유롭게 동작시킬 수 있고 여러 부
위를 동시에 자극할 수도 있지요. 심지어는 여러 마리의 동물이 케이
지에 있더라도 각각의 개체별로 다른 자극을 주는 것이 가능합니다.

지금도 전 세계적으로 광유전학을 이용한 새로운 연구결과들이 발
표되고 있습니다. 또한 광유전학을 이용하는 신경과학자들이 많아질

수록 더 뛰어난 성능의 광유전 자극기를 개발하려는 의공학자들의 노력도 이어지고 있지요. 전 세계에서 이식형 신경자극장치를 가장 많이 판매하는 미국의 메드트로닉Medtronic사는 광유전학 방법으로 파킨슨병과 같은 뇌질환을 치료하기 위한 이식형 광유전 칩 플랫폼을 개발했는데요. 이처럼 앞으로도 다양한 형태의 첨단 광유전 자극장치가 개발될 것으로 기대됩니다. 언젠가는 정복하기 힘들다는 암이나 뇌질환이 광유전학을 통해 정복될 날이 오지 않을까요?

광유전학은 아직 인체에 적용하는 것과 관련해서 100% 안전성이 입증되지는 않았습니다. 아직 바이러스 주입에 대한 안전성이나 장기간 사용에 따른 유전자 변형 가능성, 초소형 기기의 인체 안전성 등에 대한 추가적인 검증이 필요하지요. 그럼에도 의공학자들의 지속적인 노력과 신경과학, 분자생물학, 광학 분야와의 융합 연구를 통해 머지않은 미래에 광유전학이 인간의 질병 치료에 활용될 수 있을 것으로 기대합니다.

인간 수명의 한계는 어디까지일까요? 일부 과학자들은 지난 100여 년 간 인간의 수명이 2배 이상 늘어났지만 결국은 한계에 다다르게 될 것이라고 예상합니다. 2016년 10월, 과학저널 『네이처Nature』에는 인간 수명의 한계가 114.9세라는 내용의 논문이 한 편 게재됐습니다. 논문의 교신저자인 아인슈타인의대의 얀 페흐Jan Vijg 교수는 41개국의 인구통계를 모은 '인간 사망률 데이터베이스'를 분석해서 이와 같은 결론을 내렸다고 하는데요. 물론 이에 대한 반론도 있습니다. 과학기술과 의학의 발달에 힘입어 인간의 수명이 계속 늘어날 수 있을 것이라는 주장인데요. 분명한 사실은 노화로 인해 기능을 잃어버린 장기나 신체의 일부를 대체할 수 있는 인공장기 기술도 인간의 수명 연장에 큰 도움을 줄 것이라는 겁니다. 인공장기를 연구하는 바이오메디컬공학자들은 가까운 미래에는 소화효소나 호르몬과 같은 화학물질을 분비하는 기관을 제외한 거의 대부분의 신체 장기를 인간이 만든 장기로 대체할 수 있을 것으로 예상합니다. 그렇게 된다면 수명이 다 된 자동차의 부품을 교체하듯이 우리 신체 장기를 자유롭게 교체하는 것이 가능해질지도 모르죠.

하지만 인간 수명의 연장이 꼭 장밋빛 미래를 보여주는 것만은 아닙니다. 나이가 들어가면서 생겨나는 노인성 질환을 극복하지 못한다면 수명의 연장은 인류에게 주어진 축복이 아니라 불행이 될지도 모릅니다. 침대에 누운 채로 각종 생명연장 장치에 의지한 채 말년을 보내는 상황을 상상해 보세요. 끔찍하지 않나요? 오래 사는 것도 중요하지만 더 중요한 것은 '건강하게' 오래 사는 것이지요.

우리가 극복해야 하는 다양한 노인성 질환 중에서 가장 먼저 극복해야 하는 질환 중 하나가 바로 치매입니다. 몸은 멀쩡히 살아 있지만 자기 자신을 하루하루 잃어버리게 되는 무서운 질환이죠. 치매는 65세부터 유병률이 2배씩 증가하기 시작하다가 95세가 되면 치매에 걸릴 확률이 걸리지 않을 확률을 넘어서게 됩니다. 치매를 극복하지 못하면 어렵사리 수명 연장을 한다고 해도 아무런 의미가 없어지는 셈이지요. 바이오메디컬공학 분야에서도 치매를 극복하기 위해 다양한 노력이 이뤄지고 있는데요. 인공지능으로 MRI 데이터를 분석해서 치매를 조기진단하는 기술이나 유전체 빅데이터 분석을 통해 치매가 걸릴 확률을 미리 예측하는 기술, 경도인지장애에서 치매로 진행되는 것을 늦춰 주기 위한 디지털치료제, 빛이나 전기로 뇌를 자극해서 치매환자의 인지기능을 향상시키는 전자약 기술 등이 활발히 연구되고 있습니다. 일부 기술에 대해서는 이미 이 책에서 함께 살펴보기도 했죠.

그런가 하면 치매만큼 치명적이지는 않지만 일상생활에 커다란 불편을 주는 다양한 노인성 질환도 많이 있습니다. 요실금, 보행장애, 골다공증, 수면장애 등이 그 대표적 사례인데요. 이들 질환을 진단하고 치료하기 위한 다양한 바이오메디컬공학 기술도 개발되고 있으니 여러분들은 지금보다 더 건강한 노년을 보내게 될지도 모르겠네요. 가까운 미래에는 웨어러블 로봇을 착용하고 거리를 활보하는 할아버지나 수면장애를 치료하는 야구모자 형태의 뇌자극장치를 뒤집어 쓴 할머니의 모습을 주위에서 쉽게 찾아볼 수 있을 것입니다.

의학의 발전은 질환의 치료 위주에서 질환을 미리 예방하고 건강을 관리하는 방향으로 나아가고 있습니다. 손목시계나 벨트, 신발 등에 부착된 각종 센서에서 측정되는 생체정보를 실시간으로 분석해서 착용자의 건강상태를 체크하고 필요하다면 건강을 위한 조언도 해 주는 웨어러블 헬스케어 장치들이 개발되고 있고 이미 보급된 것도 있죠. 우리 몸 상태를 진단하고 치료까지 해 주는 장치들은 이제 몸 밖에서 몸 안으로까지 들어가고 있습니다. 우리 몸 안에 병원을 하나씩 지니고 다니는 셈이라고나 할까요? 생체 안에서 에너지를 수집해서 이런 장치들의 동력원으로 쓰거나 혈관 속을 돌아다니며 불순물을 청소하는 나노 로봇도 개발되고 있지요. 지금 이 순간에도 국내외의 바이오메디컬공학 연구실에서는 인간이 더욱 건강하고 행복한 삶을 살게 해 줄 첨단 바이오메디컬공학 기술을 개발하기 위해 밤새 환히 불을 밝히고 있답니다. 이 책을 읽은 여러분들도 우리의 길에 동참할 수 있다면 더할 나위 없겠네요.

바이오메디컬공학에 대해 알아보는 짧은 여정을 마치면서 함께했던 여러분들도 즐거우셨나요? 처음엔 어렵고 딱딱하게만 느껴졌던 바이오메디컬공학이 이 책을 모두 읽고 난 지금, 약간은 친숙해진 느낌이 들었다면 우리 7명 저자들의 노력이 헛되지는 않을 것 같습니다. 저희는 잠시 여러분들과 함께 했던 즐거운 시간을 뒤로 하고 다시 흥미로운 바이오메디컬공학의 세계로 돌아가 열심히 연구하고 있겠습니다. 인류의 장애와 질병을 없애기 위한 저희들의 노력을 앞으로도 지켜봐 주시고 응원해 주세요.

2021년 12월
대표저자 **임창환**

교실 밖에서 듣는
바이오메디컬공학

한양대 공대 교수들이 말하는 미래 의공학 기술

초판 1쇄 인쇄   2021년 12월 8일
초판 4쇄 발행   2023년 9월 12일

지은이   임창환, 김선정, 김안모, 김인영, 이병훈, 장동표, 최성용
펴낸곳   (주)엠아이디미디어
펴낸이   최종현
기획   최종현
편집   김한나 최종현
교정   김한나
디자인   도큐먼트

주소   서울특별시 마포구 신촌로 162 1202호
전화   (02) 704-3448   **팩스**   02) 6351-3448
이메일   mid@bookmid.com   **홈페이지**   www.bookmid.com
등록   제2011 - 000250호

ISBN   979-11-90116-61-9 43550

NAEK 이 시리즈는 해동과학문화재단의 지원을 받아
한국공학한림원과 (주)엠아이디미디어가 발간합니다.